工程科学实验教学中心
动力工程及工程热物理学科　实验教材

实验系列教材

THERMOPHYSICS BASIC EXPERIMENTS
THERMAL ENGINEERING

热物理基础实验
热工篇

焦冬生　编

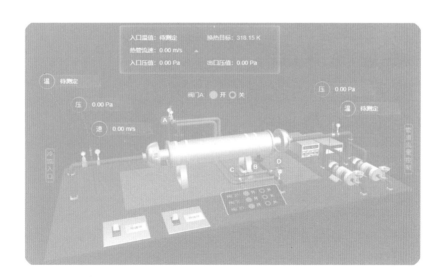

中国科学技术大学出版社

内 容 简 介

本书紧跟科技发展,采用先进的仪器仪表自动采集存储实验数据,根据工程热力学和传热学中的经典实验,设计构建了 23 个实验项目;这些实验分为两个部分:工程热力学实验和传热学实验。每个实验项目均包括实验目的、实验原理、实验装置、实验步骤和实验报告等五个部分。主要目的是通过验证或运用科学原理,依据方程演算得到可测量参数的方程,以此构建实验系统,并获得预计的结果,帮助学生掌握现代实验技能,并深入理解热物理的基本概念和理论,培养学生的相互协作、动手实践、独立思考和探索创新等综合能力。

本书适合热能动力工程、工程热物理、制冷与低温技术及能源工程等专业的大学本科高年级学生使用。

图书在版编目(CIP)数据

热物理基础实验. 热工篇/焦冬生编. —合肥:中国科学技术大学出版社,2023.10
ISBN 978-7-312-05139-5

Ⅰ. 热⋯ Ⅱ. 焦⋯ Ⅲ. 工程热物理学—实验—教材 Ⅳ. TK121-33

中国版本图书馆 CIP 数据核字(2021)第 006135 号

热物理基础实验:热工篇
REWULI JICHU SHIYAN:REGONG PIAN

出版	中国科学技术大学出版社 安徽省合肥市金寨路 96 号,230026 http://press.ustc.edu.cn http://zgkxjsdxcbs.tmall.com
印刷	安徽国文彩印有限公司
发行	中国科学技术大学出版社
开本	787 mm×1092 mm 1/16
印张	12.75
字数	249 千
版次	2023 年 10 月第 1 版
印次	2023 年 10 月第 1 次印刷
定价	69.00 元

前言

PREFACE

中国科学技术大学以拔尖创新学生培养计划的实施为契机，全面推进学校本科教育教学工作，加强教学建设，促进各学科人才培养模式和教学方法的改革，积极探索创新人才培养的新模式、新途径，全面提高人才的培养质量。工程科学实验教学中心经过多年的建设和发展，大幅度更新了老旧仪器设备，实验条件得到极大改善。中心在保证本科实验教学工作的同时，积极开展实验教学课程体系、内容、理论和技术方法、手段的研究，提出并贯彻"夯实理论基础，强化实践能力，提高科学素质，开拓创新能力"的实验教学理念。

针对有一定理论基础的本科高年级学生，为了帮助他们深入地理解热物理的基本理论和概念，培养学生的动手实践、独立思考及探索创新等综合能力，根据工程热力学和传热学中经典实验而设计构建了23个实验，实验的主要目的是验证科学原理，讲解理论知识，应用先进的仪器设备锻炼学生实践创新能力。

每个实验项目均参考了已有的实验指导书，对讲解内容根据我们的思考和教学经验做了适当的增删，强化理论部分的介绍和数学方程的推导，强调实验系统构建的可行性，简化了实验步骤，主要内容包括以下几个方面：

1. 实验目的

在实验目的中，明确列举出实验应完成的任务，整个实验项目都围绕这些任务展开。实验目的应具有三个不同层次的任务:第一,具体任务,即实验项目要求学生在特定的条件下测量什么参数,通过参数方程演算验证具体的相关理论;第二,理论学习,包括验证理论和应用理论,是理论向实践转换的环节,通过方程演算得到可测量的参数,依据可测量参数构建实验系统;第三,基本技能训练,即掌握某些特定参数的测量方法和技巧。

由此,每个实验项目须完成三个相互关联的任务:

(1) 实验内容:实验中要测量参数,以及应用参数得到的结果。

(2) 理论知识:实验要验证或利用的理论,以及实验设备装置涉及的理论。

(3) 实验技能:通过实验所要锻炼的动手能力。

实验目的是面对做实验的所有学生,具有通用性,完成实验项目后,学生可以进一步理解相关的理论知识点,并掌握某项参数的测量方法和技能。

2. 实验原理

这一部分内容主要介绍实验项目所涉及的理论知识,是实验目的中第二层次的理论知识和第一层次的实践相联系的桥梁,主要将理论方程演算成由可测量参数构成的方程,将验证理论过程逐步转换成某些参数的测量和计算过程,实现理论向实践的跨越,是实验项目的核心部分。实验系统则是依据可测量参数方程设计和构建的,以实现验证理论过程的可操作性。

通过理论方程推演,进一步加深学生对理论知识点的理解,引导学生实现由理论到实践的转换。所以要求方程推演过程严谨,演算过程尽可能不涉及具体边界条件和实验设备参数,使得演算过程具有通用性,适用于每个做实验的学生和实验室,以利于教师的实验教学。

3. 实验装置

对实验系统的要求有两点:第一安全可靠,有足够的容错能力;第二科学先进,须运用先进技术。依据可测参数方程和边界条件设计、构建实验本体结构,提出一种安全可行的技术方案,构建完整的实验系统,包括自动测试控制系统,实现理论向实践的转化。实验测试系统中测量温度、压力和流量等参数的设备采用先进的电子变送器,利用二次仪表降低人为读数误差,提高测量精度。控制系统采用先进的自动采集存储数据设备,有效捕捉瞬息万变的实验信号,消除读数的时间滞后误差。采用测试控制系统能科学地获取有效的实验数据,而且使学生有更多的时间实时地观察实验现象和实验数据变化,及时发现问题,提高实验锻炼效果。

每项实验都有特殊性,训练学生掌握先进实验技术和现代仪器设备的使用技能。针对不同经济条件的实验室,可以依据实验原理图建造合适的实验系统,满足验证实验教学需求。对于开放式教学可以要求学生按实验系统示意图,自行选配安装调试实验系统。实验室可以提供合适的配件由学生安装调试,也可以全程由学生设计加工、采购配件,再安装调试、反馈优化系统,实验教师全程只做适当的指导,锻炼学生的综合能力。

实验系统的核心为实验本体,其余构件都是为实验本体提供一个安全稳定可控的边界条件,控制测试系统则是科学地控制不稳定的边界条件引起的扰动,从而得到更精确的实验数据。

4. 实验步骤

这一部分内容的目的是培养学生的动手实践能力,为实验的主要内容。

实验步骤讲解较为简单,只讲指导性实验步骤,强调安全步骤,增加实验的灵活性,由学生将实验步骤细化,提高学生的自主性和创造性。

以前学生进实验室做实验面对的是一套运行可靠的实验系统,现在面对的可能是一张实验原理图,以及一批性能未知的仪器设备。以前是老师指导学生按步骤完成实验,现在学生可以自主完成实验系统的安装调试和测试。实验由学生灵活掌控,既能培养学生的动手实践意识,又能提高他们的创新能力。

学生自主做实验,要求实验系统在理论上安全可靠,实践中允许学生犯错。自主实验不确定因素增多,所以实验教材中不再罗列传统的注意事项,让学生大胆地去尝试,教师要有能力对各种情况进行预判,因而对实验教师的要求较高。教师要时刻掌握先进仪器设备的发展动向,引入先进设备,并能实时为学生提供指导。

5. 实验报告

写实验报告主要锻炼学生的逻辑思维能力和数据处理分析能力,是实践向理论的转化,是理论思维的训练过程。实验报告必须包含的主要内容有:

(1) 实验系统结构及实验流程、实验设备型号及其参数;

(2) 实验条件和参数设置;

(3) 原始数据及数据处理过程;

(4) 实验结果和实验误差分析;

(5) 实验心得。

由于编者水平有限,书中难免有不妥之处,敬请专家、读者批评指正。

主要符号表

表1

物 理 量		单 位
A	面积	m^2
a	加速度	m$\cdot$s^{-2}
	声速	m$\cdot$s^{-1}
Bi	毕奥数	
Bo	邦德数	
b	宽度	m
C	热容量流率	W$\cdot$K^{-1}
	热容	J$\cdot$K^{-1}
C_D	阻力系数	
C_f	摩擦系数	
	流速	m$\cdot$s^{-1}
c	比热容	J$\cdot$kg$^{-1}\cdot$K^{-1}
	光速	m$\cdot$s^{-1}
	速度	m$\cdot$s^{-1}
c_p	定压比热容	J$\cdot$kg$^{-1}\cdot$K^{-1}
c_v	定容比热容	J$\cdot$kg$^{-1}\cdot$K^{-1}
D	直径	m
D_h	水力直径	m
d	直径	m
	含湿量	kg$\cdot$kg^{-1}
E	热能机械能之和	J
	单位面积发射功率	W$\cdot$m^{-2}
	电势	V
F	力	N
	视角系数	

物 理 量		单 位
Fo	傅里叶数	
f	摩擦因子	
G	辐照密度	$W \cdot m^{-2}$
Gr	格拉晓夫数	
g	重力加速度	$m \cdot s^{-2}$
H	高度	m
	焓	J
h	对流换热系数	$W \cdot m^{-2} \cdot K^{-1}$
	比焓	$J \cdot kg^{-1}$
h_{fg}	蒸发潜热	$J \cdot kg^{-1}$
h_{st}	熔解潜热	$J \cdot kg^{-1}$
h_{rad}	辐射换热系数	$W \cdot m^{-2} \cdot K^{-1}$
I	电流	A
	辐射强度	$W \cdot m^{-2} \cdot sr^{-1}$
i	电流密度	$A \cdot m^{-2}$
	单位质量的焓	$J \cdot kg^{-1}$
J	有效辐射密度	$W \cdot m^{-2}$
j_i	组分	
k	热导率	$W \cdot m^{-1} \cdot K^{-1}$
	玻尔兹曼常数	
K_s	固态导热系数	$W \cdot m^{-1} \cdot K^{-1}$
L, l	特征长度	m
M	摩尔质量	$kg \cdot mol^{-1}$
M_r	相对分子质量	
Ma	马赫数	
m	质量	kg
$\dot{m}$	质量流率	$kg \cdot s^{-1}$
m_i	组分质量分数	
N	管簇中的总管数	
Nu	努塞特数	
NTU	传热单元数	

物 理 量		单 位
n	多变指数	
P	周长	m
	功率	W
Pr	普朗特数	
p	绝对压力	Pa
p_B	背压	Pa
p_b	大气压力	Pa
p_{cr}	临界压力	Pa
p_d	设计压力	Pa
p_s	饱和压力	Pa
p_v	分压力	Pa
Q	能量传递	J
	热流率	$J \cdot s^{-1}$
	传热速率	W
q	热流密度	$W \cdot m^{-2}$
$\dot{q}$	单位容积中能量产生的速率	$W \cdot m^{-3}$
q_k	冷凝热	J
R	半径	m
	摩尔气体常数	$J \cdot mol^{-1} \cdot K^{-1}$
	热阻	$K \cdot W^{-1}$
	电阻	Ω
R_g	气体常数	$J \cdot kg^{-1} \cdot K^{-1}$
Ra	瑞利数	
Re	雷诺数	
R_t	热阻	$K \cdot W^{-1}$
r	半径	m
S	板间距	m
	熵	$J \cdot K^{-1}$
Ste	斯蒂芬数	
T	温度	K 或℃

物　理　量		单　位
t	时间	s
U	总传热系数	$W \cdot m^{-2} \cdot K^{-1}$
	热力学内能	J
u, v, w	质量平均流体速度分量	$m \cdot s^{-1}$
u	比内能	$J \cdot kg^{-1}$
V	体积	m^3
	流体速度	$m \cdot s^{-1}$
v	比容	$m^3 \cdot kg^{-1}$
W	宽度	m
	做功速率	W
x	蒸汽干度	
z	压缩因子	
α	热扩散系数	$m^2 \cdot s^{-1}$
	吸收率	
	Seebeck 系数	
β	热膨胀系数	K^{-1}
γ	表面张力	$N \cdot m^{-1}$
δ	厚度	m
	热穿透深度	m
	热边界层厚度	m
ε	发射率	
	换热器有效度	
θ	天顶角	rad
	夹角	(°)
	温差	K
η	效率	
κ	吸收系数	m^{-1}
	等熵指数	
λ	波长	μm
ζ	相变半径界面	
μ	动力黏度	$kg \cdot s^{-1} \cdot m^{-1}$

物 理 量		单 位
μ_J	绝热节流系数	$K \cdot pa^{-1}$
ν	运动黏度	$m^2 \cdot s^{-1}$
ν_{cr}	临界压力比	
ρ	质量密度	$kg \cdot m^{-3}$
	反射率	
σ	电导率	$\Omega^{-1} \cdot m^{-1}$
	斯蒂芬-玻尔兹曼常数	
φ	方位角	rad
τ	切应力	$N \cdot m^{-2}$
	透过率	
	时间	s
ω	立体角	sr
φ	相对湿度	
	锥角	（°）

表 2

上下标	英文含义	中文含义
a	air	空气
c	cold	冷
	capillary	毛细管
cr	critical state	临界状态
g	gas	气体参数
h	hot	热
i	in	入口
o	out	出口
l	laminar flow	层流
	liquid	液体
	longitudinal	纵向的
m	mole	摩尔
net		净

上下标	英文含义	中文含义
R	radiation	辐射
s	saturation state	饱和状态
		定熵过程
	solid	固体
t	turbulence	湍流
	transversal	横向的
v	vapour	水蒸气
w	water	水
	wall	壁
*		滞止状态下的参数
0		周围环境参数

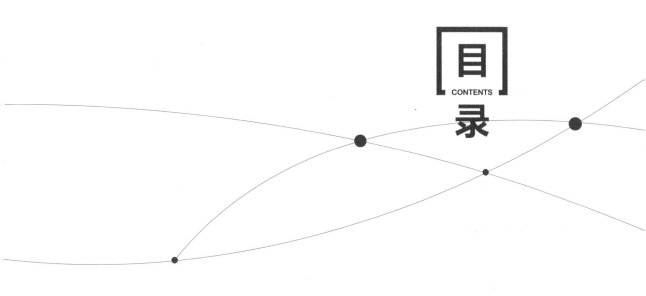

目录
CONTENTS

传热学实验 ·······99

工程热力学实验

实验一 气体绝热指数测定实验

一、实验目的

(1) 测量气体系统在热力学过程前后的压力,计算气体绝热指数。

(2) 理解绝热膨胀过程、定容加热过程以及准稳态过程的概念。

(3) 掌握快速采集实验数据的技术和测量压力的方法。

二、实验原理

气体的绝热指数被定义为气体的定压比热容与定容比热容之比,以 κ 表示,即 $\kappa = \dfrac{c_p}{c_v}$。

若流体工质在状态变化过程中不与外界发生热交换,则该过程就称为绝热过程。

本实验通过测量定量空气在绝热膨胀过程和定容加热过程中的压力变化来计算空气的绝热指数 κ。实验过程的 $p-v$ 变化过程如图 1-1 所示。

AC 为绝热膨胀过程,状态方程如下:

$$p_C v_C^{\kappa} = p_A v_A^{\kappa} \tag{1-1}$$

CB 为定容加热过程,状态方程如下:

$$v_B \stackrel{.}{=} v_C \tag{1-2}$$

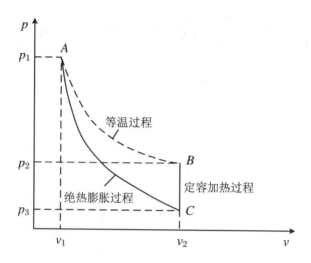

◆ 图 1-1 实验过程中空气系统的 $p-v$ 变化曲线

假设状态 A 和状态 B 的温度相同,即 $T_B = T_A$。根据理想气体的状态方程,对于状态 A 和状态 B 有

$$p_2 v_2 = p_1 v_1 \tag{1-3}$$

将式(1-3)两边 κ 次方得

$$(p_2 v_2)^{\kappa} = (p_1 v_1)^{\kappa} \tag{1-4}$$

由式(1-1)和式(1-4)得 $\left(\dfrac{p_1}{p_2}\right)^{\kappa} = \dfrac{p_1}{p_3}$,再两边取对数,得

$$\kappa = \frac{\ln\left(\dfrac{p_1}{p_3}\right)}{\ln\left(\dfrac{p_1}{p_2}\right)} \tag{1-5}$$

因此,只要测出 A、B、C 三点状态下的压力 p_1、p_2、p_3,且将它们代入式(1-5),就可求得空气的绝热指数 κ。

三、实 验 装 置

空气绝热指数测定系统由实验腔、真空罐、真空泵、电磁阀、调压阀、压力表、真空表、压力传感器、热电偶、稳压电源、控制器以及高速数据采集系统构成,如图 1-2 所示。真空罐用于控制实验腔的膨胀压力,这样可以测不同压力下的膨胀指数;电磁阀用于控制膨胀时间,达到近似模拟绝热条件的目的。

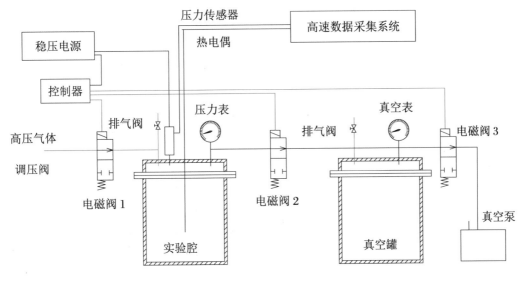

◆ 图 1-2　气体绝热指数测定系统示意图

四、实验步骤

1. 气密性检测

实验中压力测量对装置的气密性要求较高。因此,在实验开始前,应检查其气密性。

按图 1-2 安装好实验管道系统和测试系统。关闭电磁阀 3,开启电磁阀 1 和电磁阀 2,充气直至压力达到 0.5 MPa,观测压力表的读数,密封判断标准为 15 min 内压力降小于 0.01 MPa。若气密性不符合要求,用肥皂液涂抹管路和容器连接处,查看气泡,排除漏气。若不能排除,则报告老师做进一步处理。此步骤一定要认真,否则会给实验结果带来较大的误差。

注意事项

　　该实验要在空调室内进行,保持室内温度恒定,室内温度对测试结果影响较大。

2. 具体步骤

（1）开启电磁阀 2 和电磁阀 3，关闭电磁阀 1，开启真空泵。当真空罐真空度大于 0.098 MPa 时，关闭真空泵。实验过程中，真空罐内的真空度会降低，适时地开启真空泵可维持罐内真空度。

（2）开启测试系统，采样时间间隔为 0.1 s，捕捉热力过程中压力的变化。

（3）关闭电磁阀 2 和电磁阀 3，开启电磁阀 1，开启调压阀，加注测试气体至实验腔，真空度小于 0.08 MPa，关闭电磁阀 1，从低压开始测试，也可以从高压开始测试。

（4）观测实验腔内的温度和压力，直至温度和压力稳定，开始测试。

绝热膨胀过程 AC：开启电磁阀 2，1 s 后关闭。实验腔内的高压气体向真空腔内膨胀。

定容加热过程 CB：气体膨胀降温，关闭电磁阀 2 后，低温气体通过壁面从环境吸热升温，直至温度平衡。

3. 测试结束

（1）开启调压阀，提高实验腔内的压力，继续测试，压力间隔为 0.01 MPa，直至 0.2 MPa 以上。

（2）重复上述步骤，多做几遍，采集数据，然后进行数据处理，计算结果。

（3）实验结束，再记录一次环境温度 T_0 和压力 p_b，确定环境变化可能引起的误差。

五、实验报告

1. 实验系统结构及实验流程、实验设备型号及其参数

◆ 图 1-3　实验系统结构图(照片)

表 1-1 ◇ 实验设备参数

设备名称	型　　号	量　　程	备　　注
真空泵			
电磁阀 1			
电磁阀 2			
电磁阀 3			
直流电源			
控制器			
数据采集器			
压力传感器			

设 备 名 称	型　号	量　程	备　注
温度传感器			
真空压力表			
……			

实验流程：_____

_____

_____

_____

表 1-2 ◇ 实 验 参 数

实验参数	数　值
环境温度/℃	
实验测试容积/m³	
实验压力/Pa	
背压/Pa	
排气时长/s	
数据采集时间间隔/s	
……	

2. 实 验 气 体

测试气体标准值 $\kappa=$ _____

_____

_____

_____

3. 原始数据及数据处理过程

◆ 图 1-4 腔体内气体压力、T–t 变化曲线图

表 1-3 ◇ 实验测试结果

测试次数	p_1/Pa	p_2/Pa	p_3/Pa	κ
1				
2				
3				
4				
......				

4. 实验结果和实验误差分析

5. 实 验 心 得

实验二　空气定压比热容测定实验

一、实验目的

(1) 加热管道内稳定流动的湿空气,测量加热前后的温度,计算干空气的定压比热容。

(2) 理解气体比热容和干湿空气的概念。

(3) 掌握空气湿度、温度和流量的测量方法。

二、实验原理

湿空气是干空气和水蒸气所组成的混合气体,湿空气的质量 m 等于所包含的干空气 m_a 和水蒸气质量 m_v 之和,即

$$m = m_a + m_v \tag{2-1}$$

含湿量是指湿空气中包含的水蒸气质量与干空气质量的比值,用符号 d(单位:kg·kg^{-1})表示:

$$d = \frac{m_v}{m_a} \tag{2-2}$$

在压力不高的情况下,按照理想气体状态方程,有

$$m_v = \frac{p_v V}{R_{g,v} T} = \frac{p_v M_v V}{RT} \tag{2-3}$$

$$m_a = \frac{p_a V}{R_{g,a} T} = \frac{p_a M_a V}{RT} \tag{2-4}$$

水蒸气和空气的平均分子量分别为 $M_v = 18.016 \ \mathrm{g \cdot mol^{-1}}$，$M_a = 28.97 \ \mathrm{g \cdot mol^{-1}}$，代入式(2-2)，计算得

$$d = 0.622 \frac{p_v}{p_a} = 0.622 \frac{\varphi p_s}{p - \varphi p_s} \tag{2-5}$$

湿空气的焓由两部分组成：

$$H = m_a h_a + m_v h_v \tag{2-6}$$

用焓湿图表示加热湿空气的热力学过程，如图 2-1 所示。从图中可以看出湿空气的加热过程为等湿加热过程，含湿量不变，焓升高。由式(2-6)，设 0 ℃时干空气的焓值为 0，则单位质量干空气的焓值表达式为

$$h = \frac{H}{m_a} = h_a + dh_v = c_{pa}T + d(\lambda + c_{pv}T) \tag{2-7}$$

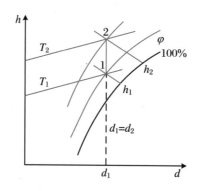

◆ 图 2-1　湿空气等湿加热过程示意图

已知水蒸气的比热容 $c_{pv} = 1.86 \ \mathrm{kJ \cdot kg^{-1} \cdot K^{-1}}$，则湿空气由状态 1 加热到状态 2，含湿量不变，焓值升高：

$$\Delta H = m_a \Delta h_a + m_a d \Delta h_v = m_a(c_{pa} + dc_{pw})\Delta T \tag{2-8}$$

通过变换

$$\Delta H = m_a \Delta h_a + m_a d \Delta h_v = m_a(c_{pa} + dc_{pw})(T_{out} - T_{in}) \tag{2-9}$$

有

$$\Delta H = \frac{m}{1+d}(c_{pa} + dc_{pw})(T_{out} - T_{in}) \tag{2-10}$$

则

$$c_{pa} = \frac{\Delta H}{T_{out} - T_{in}} \frac{1+d}{m} - dc_{pw} \tag{2-11}$$

式(2-11)即为实验测试干空气比热容 c_{pa} 的基本公式。

三、实验装置

根据式(2-11)所要测试的参数,构建如图 2-2 所示的实验测试系统。加热量由电加热器提供,电加热的功率和温度控制技术较成熟,而且精度高。为了测试不同温度下的比热容值,系统采用两级加热方法:第一级将空气预热到设定的温度,第二级为加热测试段。管道内流动的空气温度采用 0.2 mm 的 K 型热电偶测量,该热电偶热容量低、响应快,能快速准确地测出管道内空气的温度变化。为了提高实验数据的精度和稳定性,热电偶的参考点为冰点,用杜瓦瓶中的冰水混合物作为热电偶冰点。管道空气流量采用涡轮流量计测量;空气湿度采用温湿度传感器测量,直接得到相对湿度值。所有测量数据均由数据采集器自动采集保存。

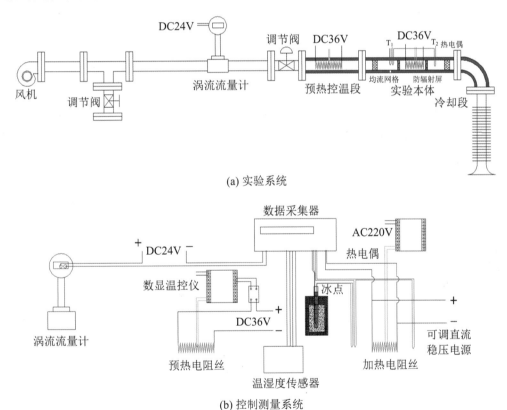

(a) 实验系统

(b) 控制测量系统

◆ 图 2-2 空气定压比热容测试实验系统示意图

13

四、实验步骤

（一）实验前准备

环境大气压用水银压力计测，测量时要保持水银柱的垂直状态，小心调节水银面的高度，使指针刚好接触水银面，读取数据，此数据即为环境大气压。

计算预设管道流量，根据电加热器功率，核算气体流过加热器后温度升高为 10 ℃为宜。

（二）实验操作

（1）启动风机，检查管路漏风情况，调节到预设流量，以测试段达到湍流状态为宜。

（2）开启测试系统，检查各测点传感器的读数是否正常。

（3）开启加热电源，调节电压，预热实验装置。

（4）等实验数据稳定，记录实验数据。

（5）调节流量或电压，继续加热测试，稳定后记录数据。

（6）调节不同的加热功率或流量，测试不同状态下的实验数据。

（7）测试完毕，保存数据，关闭测试系统。

（8）关闭加热电源，等电热器的温度降到 50 ℃以下，关闭风机。

（9）关闭总电源。

注意事项

切勿在无气流通过的情况下开启电热器，以免引起局部过热而损坏比热容仪主体。停止实验时，应先切断电热器电源，让风机继续运行15 min左右（温度较低时可适当缩短）。

五、实验报告

1. 实验系统结构及实验流程、实验设备型号及其参数

◆ 图 2-3　实验系统结构（照片）

实验流程：_____

_____

_____

_____

表 2-1 ◇ 实验设备参数

设备名称	型　号	量　程	备　注
风机			
流量计			
直流稳压电源			
数显温控仪			

设备名称	型　号	量　程	备　注
固态继电器			
温湿度传感器			数据采集器
气压计			
……			

2. 实验条件和参数设置

表 2-2 ◇ 实 验 条 件

实验条件	单　位	数　值
环境温度		
空气相对湿度		
环境压力		
空气流量		
电加热器电阻		
加热段管道内径		
加热段管道壁厚		
加热段管道材料导热系数		
保温层材料导热系数		
保温层厚度		

3. 原始数据及数据处理过程

◆ 图 2-4 测试段前后空气温度变化曲线

4. 实验结果和实验误差分析

表 2-3 ◇ 实 验 结 果

实验参数	实验次数			
	1	2	3	
空气湿度/%				
加热功率/W				
前端温度/℃				
后端温度/℃				
质量流量/(kg·s⁻¹)				
......				
实验结果				

5. 实 验 心 得

附表 2-1 ◇ 空气干湿度表

相对湿度/%

干湿示差 干球温度	0.5	1	1.5	2	2.5	3	3.5	4	4.5	5	5.5	6	6.5	7	7.5	8
50	97	94	92	89	87	84	82	79	77	74	72	70	68	66	63	61
49	97	94	92	89	86	84	81	79	77	74	72	70	67	65	63	61
48	97	94	92	89	86	84	81	79	76	74	71	69	67	65	62	60
47	97	94	92	89	86	83	81	78	76	73	71	69	66	64	62	60
46	97	94	91	89	86	83	81	78	76	73	71	68	66	64	62	59
45	97	94	91	88	86	83	80	78	75	73	70	68	66	63	61	59
44	97	94	91	88	86	83	80	78	75	72	70	67	65	63	61	58
43	97	94	91	88	85	83	80	77	75	72	70	67	65	62	60	58
42	97	94	91	88	85	82	80	77	74	72	69	67	64	62	59	57
41	97	94	91	88	85	82	79	77	74	71	69	66	64	61	59	56
40	97	94	91	88	85	82	79	76	73	71	68	66	63	61	58	56
39	97	94	91	87	84	82	79	76	73	70	68	65	63	60	58	55
38	97	94	90	87	84	81	78	75	73	70	67	64	62	59	57	54
37	97	93	90	87	84	81	78	75	72	69	67	64	61	59	56	53
36	97	93	90	87	84	81	78	75	72	69	66	63	61	58	55	53
35	97	93	90	87	83	80	77	74	71	68	65	63	60	57	55	52
34	96	93	90	86	83	80	77	74	71	68	65	62	59	56	54	51
33	96	93	89	86	83	80	76	73	70	67	64	61	58	56	53	50
32	96	93	89	86	83	79	76	73	70	66	64	61	58	55	52	49
31	96	93	89	86	82	79	75	72	69	66	63	60	57	54	51	48
30	96	92	89	85	82	78	75	72	68	65	62	59	56	53	50	47
29	96	92	89	85	81	78	74	71	68	64	61	58	55	52	49	46
28	96	92	88	85	81	77	74	70	67	64	60	57	54	51	48	45
27	96	92	88	84	81	77	73	70	66	63	60	56	53	50	47	43
26	96	92	88	84	80	76	73	69	66	62	59	55	52	48	46	42
25	96	92	88	84	80	76	72	68	64	61	58	54	51	47	44	41
24	96	91	87	83	79	75	71	68	64	60	57	53	50	46	43	39
23	96	91	87	83	79	75	71	67	63	59	56	52	48	45	41	38

干湿示差 干球温度	相对湿度/%															
	0.5	1	1.5	2	2.5	3	3.5	4	4.5	5	5.5	6	6.5	7	7.5	8
22	95	91	87	82	78	74	70	66	62	58	54	50	47	43	40	36
21	95	91	86	82	78	73	69	65	61	57	53	49	45	42	38	34
20	95	91	86	81	77	73	68	64	60	56	52	58	44	40	36	32
19	95	90	86	81	76	72	67	63	59	54	50	56	42	38	34	30
18	95	90	85	80	76	71	66	62	58	53	49	44	41	36	32	28
17	95	90	85	80	75	70	65	61	56	51	47	43	39	34	30	26
16	95	89	84	79	74	69	64	59	55	50	46	41	37	32	28	23
15	94	89	84	78	73	68	63	58	53	48	44	39	35	30	26	21
14	94	89	83	78	72	67	62	57	52	46	42	37	32	27	23	18
13	94	88	83	77	71	66	61	55	50	45	40	34	30	25	20	15
12	94	88	82	76	70	65	59	53	47	43	38	32	27	22	17	12
11	94	87	81	75	69	63	58	52	46	40	36	29	25	19	14	8
10	93	87	81	74	68	62	56	50	44	38	33	27	22	16	11	5
9	93	86	80	73	67	60	54	48	42	36	31	24	18	12	7	1
8	93	86	79	72	66	59	52	46	40	33	27	21	15	9	3	
7	93	85	78	71	64	57	50	44	37	31	24	18	11	5		
6	92	85	77	70	63	55	48	41	34	28	21	13	3			
5	92	84	76	69	61	53	46	36	28	24	16	9				
4	92	83	75	67	59	51	44	36	28	20	12	5				
3	91	83	74	66	57	49	41	33	25	16	7	1				
2	91	82	73	64	55	46	38	29	20	12	1					
1	90	81	72	62	53	43	34	25	16	8						
0	90	80	71	60	51	40	30	21	12	3						

附表 2-3 ◇ 水蒸气的饱和温度和压力

温度/℃	压力/Pa	温度/℃	压力/Pa	温度/℃	压力/Pa
0	611.29	33	5033.5	67	27347
0.01	611.7	34	5322.9	68	28576
1	657.16	35	5626.7	69	29852
2	706.05	36	5945.3	70	31176
3	758.13	37	6279.5	71	32549
4	813.59	38	6629.8	72	33972
5	872.6	39	6996.9	73	35448
6	935.37	40	7381.4	74	36978
7	1002.1	41	7784	75	38563
8	1073	42	8205.4	76	40205
9	1148.2	43	8646.3	77	41905
10	1228.1	44	9107.5	78	43665
11	1312.9	45	9589.8	79	45487
12	1402.7	46	10094	80	47373
13	1497.9	47	10620	81	49324
14	1598.8	48	11171	82	51342
15	1705.6	49	11745	83	53428
16	1818.5	50	12344	84	55585
17	1938	51	12970	85	57815
18	2064.4	52	13623	86	60119
19	2197.8	53	14303	87	62499
20	2338.8	54	15012	88	64958
21	2487.7	55	15752	89	67496
22	2644.7	56	16522	90	70117
23	2810.4	57	17324	91	72823
24	2985	58	18159	92	75614
25	3169	59	19028	93	78494
26	3362.9	60	19932	94	81465
27	3567	61	20873	95	84529
28	3781.8	62	21851	96	87688
29	4007.8	63	22868	97	90945
30	4245.5	64	23925	98	94301
31	4495.3	65	25022	99	97759
32	4757.8	66	26163	100	101320

实验三 二氧化碳临界状态观测 及 p–v–T 关系测定实验

一、实验目的

（1）测试管内一定量的 CO_2 气体在定温下体积随压力的变化，并观测气液相变和超临界现象。

（2）理解饱和状态、临界状态和超临界状态等基本概念。

（3）掌握压力传输技术和观测、判断气化和液化的方法。

二、实验原理

对简单可压缩热力学系统，当工质处于平衡状态时，其状态参数 p、v、T 之间有

$$T = f(p,v) \tag{3-1}$$

在温度不太低、压强不太高的条件下，可近似地把普通气体看作理想气体。理想气体具有如下两个特点：分子有质量无体积，分子间无相互作用力。理想气体是对实际气体进行简化而建立的一种理想模型，而且温度越高、压强越低，实际气体越接近于理想气体。其状态方程为

$$pv = RT \tag{3-2}$$

为了更准确地描述真实气体的状态，可使用范德瓦耳斯方程（van der Waals equation),这是在理想气体状态方程的基础上考虑了分子间的作用力和分子的体积大小而得到的半经验的修正方程。该方程为

$$\left(p + \frac{a}{v^2}\right)(v - b) = RT \tag{3-3}$$

图 3-1 为范德瓦耳斯气体的等温线。从图中可看出范德瓦耳斯方程对气液临界温度以上流体性质的描写优于理想气体方程,对温度稍低于临界温度的液体和低压气体也有较合理的描述。但是,当描述对象处于状态参量空间(p, V, T)中气液相变区(即正在发生气液转变)时,对于固定的温度,气相的压强恒为所在温度下的饱和蒸气压,即不再随体积 V(严格地说应该是单位质量气体占用的体积,即比容)变化而变化,所以在这种情况下范德瓦耳斯方程不再适用。麦克斯韦对这段曲线进行了修正,使之符合自然规律,即表现气气相变过程。在 MN 段取 G 点作水平线,使 FMG 和 GNH 面积相等,并用直线 FGH 表示气液饱和区,F 点为饱和液态,H 点为饱和气态。引入麦克斯韦法则后,范德瓦耳斯方程可以描述气液相变过程。

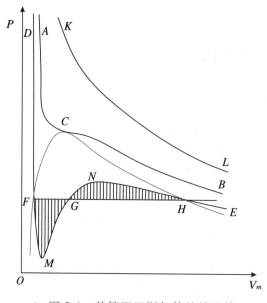

◆ 图 3-1 范德瓦耳斯气体的等温线

饱和状态是指液体和蒸气处于动态平衡的状态。饱和状态下,饱和温度一定时,饱和压力也一定;反之,饱和压力一定时,饱和温度也一定。饱和温度随饱和压力的变化关系为

$$\frac{\mathrm{d}P}{\mathrm{d}T} = \frac{\Delta H}{T\Delta V} \tag{3-4}$$

式(3-4)表明了相平衡压力随温度的变化率,适用于纯物质的任意两相平衡。式(3-4)也表明了相变过程中伴随着体积和焓值的变化。应用于气液平衡时,气体以理想气体计,变换式(3-4)可得到下式:

$$\frac{\mathrm{d}(\ln p)}{\mathrm{d} T} = \frac{\Delta H}{RT^2} \tag{3-5}$$

假定蒸发焓与温度无关,求不定积分得

$$\ln \frac{p}{[p]} = -\frac{\Delta H}{RT} + C \tag{3-6}$$

若以 $\ln \dfrac{p}{[p]}$ 对 $\dfrac{1}{T}$ 作图,可得一条直线,由实验数据得出直线斜率 m,即可求出液体的蒸发焓 ΔH:

$$m = -\frac{\Delta H}{R} \tag{3-7}$$

临界状态是指纯物质的气液两相平衡共存的极限热力状态。在此状态时,饱和液体与饱和蒸气的热力状态参数相同,气液之间的分界面消失,因而没有表面张力,气化潜热为 0。处于临界状态的温度、压力和比容,分别称为临界温度、临界压力和临界比容。可用临界点表示。

物质的压力和温度同时超过它的临界压力(p_{cr})和临界温度(T_{cr})的状态,或者说,物质的对比压力(p/p_{cr})和对比温度(T/T_{cr})同时大于 1 的状态,称为该物质的超临界状态。

超临界状态是一种特殊的流体的存在状态。在临界点附近,它有很大的可压缩性,适当增加压力,可使它的密度接近一般液体的密度。

三、实 验 装 置

本实验就是根据式(3-1),采用定温方法来测定 CO_2 的 p、v 之间的关系,从而找出 CO_2 的 p-v-T 关系。如图 3-2 所示,整个实验装置由压力传送系统、恒温水浴系统、实验本体和数据测试系统四部分组成。

实验中,由压力台推送压力油进入高压容器和玻璃杯上半部,压迫水银进入充满 CO_2 气体的承压玻璃管内,压缩 CO_2。其压力和容积通过压力台上的活塞杆的进、退来调节。温度通过恒温水套里的水温来调节。

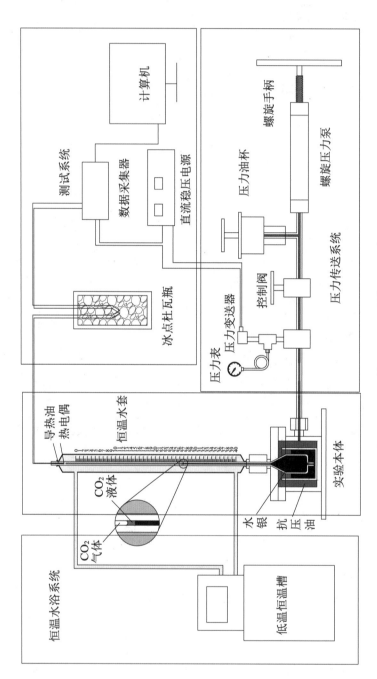

◆ 图 3-2　CO_2 的 p–v–T 测试原理示意图

实验工质 CO_2 的压力,由装在压力台上的压力表读出,温度由插在恒温水套中的温度传感器读出。对于比容,首先测量承压玻璃管内 CO_2 柱的高度,而后再根据承压玻璃管内径均匀、截面不变等条件换算得出。

四、实验步骤

1. 开启光源

按图 3-2 检查实验系统各个部分的完整性,并开启实验本体上的光源。

2. 调定恒温水浴温度

（1）将蒸馏水注入恒温水浴水槽内,淹没槽内蒸发管至离盖 30～50 mm 处。检查并接通电路,启动循环泵,使水循环对流,调节水套内待测气体的温度。

（2）设定恒温水浴的温度。

（3）观察玻璃水套上温度传感器的温度,传感器仪表显示的温度即为承压玻璃管内 CO_2 的温度。

（4）当需要改变实验温度时,重复步骤（2）和（3）即可。

3. 加压前的准备

因为压力台的油杯容量比主容器容量小,需要多次从油杯里抽油,再向主容器充油,才能在压力表上显示压力读数。压力台抽油、充油的操作过程非常重要,若操作失误,不但加不上压力,还会损坏试验设备,所以应认真掌握。其步骤如下:

（1）抽油。

① 关压力表和本体油路的控制阀,开启油杯的开关。

② 旋退活塞螺杆,将油杯内压力油抽入压力台油缸内,直至螺杆全部旋出。

（2）压油。

① 关闭油杯开关,开启压力表和控制阀。

② 旋进活塞螺杆,将油缸内压力油推进实验本体。

（3）如此重复抽油、压油,直至压力表上指针开始转动有压力读数为止。

（4）再次检查油杯开关是否关好,压力表控制阀是否开启。若均已调定后,即可进行实验。

(5) 测定承压玻璃管内 CO_2 的质面比常数 K 值。

由于充进承压玻璃管内 CO_2 的质量未知,而玻璃管内径或截面积(A)又不易测定,因而实验中采用间接办法来确定 CO_2 的比容,认为 CO_2 的比容 v 与其高度是一种线性关系。具体方法如下:

已知 CO_2 液体在 20 ℃、9.8 MPa 时的比容 $v = 0.00117 \ \mathrm{m^3 \cdot kg^{-1}}$,实际测定实验台上在 20 ℃、9.8 MPa 时的 CO_2 液体柱高度为 Δh_0(单位:m)(注意玻璃水套上刻度的标记方法),计算得

$$v(293.15 \ \mathrm{K}, 9.8 \ \mathrm{MPa}) = \frac{\Delta h_0 A}{m} = 0.00117 \ \mathrm{m^3 \cdot kg^{-1}} \tag{3-8}$$

$$K = \frac{m}{A} = \frac{\Delta h_0}{0.00117} \ \mathrm{kg \cdot m^{-2}} \tag{3-9}$$

K 即为玻璃管内 CO_2 的质面比常数。所以,任意温度和压力下 CO_2 的比容为

$$v = \frac{\Delta h}{\dfrac{m}{A}} = \frac{\Delta h}{K} \quad (\mathrm{m^3 \cdot kg^{-1}}) \tag{3-10}$$

式中,$\Delta h = h - h_0$,h 为任意温度、压力下水银柱高度,h_0 为承压玻璃管内径顶端刻度。

4. 测定低于临界温度 $t = 20$ ℃时的定温线

(1) 将恒温水浴温度 T 设定为 20 ℃。稳定后查看水套上端的热电偶温度,以此为管内气体的温度。

(2) 压力从 4.41 MPa 开始,当玻璃管内水银升起来后,应足够缓慢地摇进活塞螺杆,以保证等温压缩 CO_2。否则,玻璃管内外存在温差,读数不准。

(3) 按照适当的压力间隔取 h 值,直到压力 $p = 9.8$ MPa(表压为 9.7 MPa)。

(4) 当压力达到 5.5 MPa 时,开始放慢螺杆的推进速度,仔细观测水银面上端,随着压力升高达到饱和压力,水银面上端开始有液体出现,一旦观测到液体,立即停止推进螺杆,这时液体量会增加,缓慢旋退螺杆,直至液体消失,再旋进螺杆,至刚好出现液体为止,此点为饱和气体。

(5) 继续缓慢旋进螺杆,水银柱上升,饱和气体被压缩液化,记录不同压力下水银柱的高度、液体的高度和气体的高度,直至全部液化。

(6) 分别测定 $T = 25$ ℃、$T = 27$ ℃时饱和温度和饱和压力的对应关系。

5. 测定临界等温线和临界参数，并观察临界现象

（1）设定恒温水浴的温度为 31 ℃。

（2）按上述方法和步骤测出临界等温线。

6. 测定高于临界温度($T = 50$ ℃)时的超临界等温线

测定方法和步骤同上。

五、实 验 报 告

1. 实验系统结构

◆ 图 3-3　实验测试系统（照片）

2. 实 验 气 体

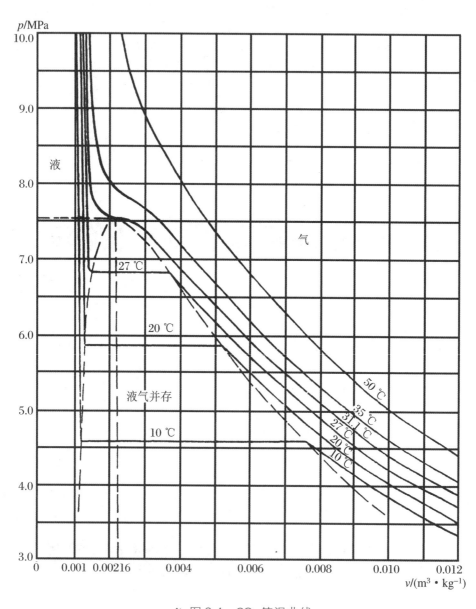

◆ 图 3-4 CO_2 等温曲线

3. 原始数据及等温线绘制

表 3-1 ◇ *K* 值实验测试结果

测试参数	次　　数			
	1	2	3	
温度/℃				
压力/MPa				
液柱高度/mm				
......				

表 3-2 ◇ 测 试 数 据

温度/℃	压力/MPa	水银柱高度/mm	气柱高度/mm	液柱高度/mm	比容/(m³·kg⁻¹)

温度/℃	压力/MPa	水银柱高度/mm	气柱高度/mm	液柱高度/mm	比容/(m³·kg⁻¹)

◆ 图 3-5　气体等温曲线图

◆ 图 3-6　饱和状态曲线

4. 实验现象和原因

气液相变：_____

_____

临界状态：_____

_____

超临界状态：_____

_____

5. 实验心得

实验四 ＼ 白金板法测表面张力实验

━━━ 一、实 验 目 的 ━━━

(1) 测量提拉液体里的铂金板的拉力变化,计算液体的表面张力和界面张力。

(2) 理解浸润现象和杨氏表面张力方程,掌握白金板测试原理。

(3) 掌握不同黏度液体表面张力的测量技巧。

━━━ 二、实 验 原 理 ━━━

接触角是指在气、液、固三相交点处所作的气液界面的切线与固液交界线之间的夹角 θ,是润湿程度的量度。若 $\theta < 90°$,则固体是亲液的,即液体可润湿固体,其角越小,润湿性越好;若 $\theta > 90°$,则固体是憎液的,即液体不润湿固体,容易在固体表面上移动,不能进入毛细孔。

一滴液体落在水平固体表面上,如图 4-1 所示,当达到平衡时,形成的接触角与各界面张力之间符合杨氏公式(Young Equation):

$$\gamma_{s,v} = \gamma_{s,l} + \gamma_{l,v}\cos\theta \tag{4-1}$$

由它可以预测如下五种润湿情况:

(1) 当 $\theta = 0°$ 时,完全润湿;

(2) 当 $\theta < 90°$ 时,部分润湿或润湿;

(3) 当 $\theta = 90°$ 时,是润湿与否的分界线;

（4）当 $\theta > 90°$ 时，不润湿；

（5）当 $\theta = 180°$ 时，完全不润湿。

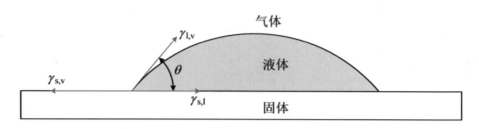

◆ 图 4-1　表面接触角与表面张力的关系示意图

　　与表面张力不同，处在界面层的分子，一方面受到体相内相同物质分子的作用，另一方面受到性质不同的另一相中物质分子的作用，其作用力未必能相互抵消，如图 4-2 所示。因此界面张力通常要比表面张力小得多。

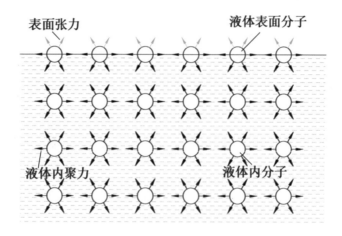

◆ 图 4-2　表面张力形成示意图

　　白金板法表面张力仪原理： 当感测白金板浸入到被测液体后，白金板周围就会受到表面张力的作用，液体的表面张力会将白金板尽量地往下拉。当液体表面张力及其他相关的力达到均衡时，感测白金板就会停止向液体内部浸入，如图 4-3 所示。这时候，仪器的平衡感应器就会测量浸入深度，并将它转化为液体的表面张力值，即

$$F = mg + p\gamma_{l,v}\cos\theta - \rho g\,Sh \tag{4-2}$$

式中，m 为白金板质量，p 为白金板周长（$p = 2w + b$），θ 为液体与白金板的接触角，S 为白金板横切面积（$S = wb$），h 为浸入深度，ρ 为液体密度。

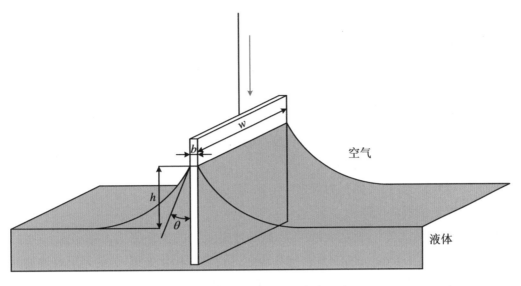

◆ 图 4-3 提拉法测表面张力示意图

当板逐步从液体中被拉出时,作用在天平上的力除了板自身的重量外,还有毛细力的垂直分量,其值等于 $\gamma\cos\theta\times p$,p 为板的周长。只有板完全被液体浸润,才能得到正确的表面张力。如图 4-4 所示,第一个位置是完全浸入液体中的情形,液面无变形,第二个及第三个位置表示随着板逐步从液体中拉出,弯月面与它之间的夹角逐渐变小,在第四个位置时,夹角达到 0°,此时弯月面与板面相切,其上连续铺展了一层液体,固体与液体之间的相互作用被液体内部的作用替代。

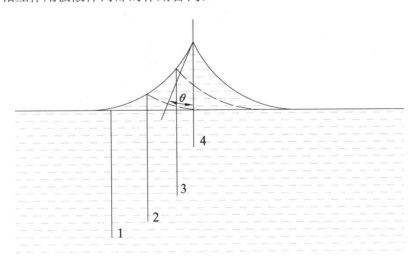

◆ 图 4-4 被平板逐步拉起来的弯月面剖面图

三、实 验 系 统

白金板法表面张力仪主要因其核心技术的不同而分为如下三类：

（1）静态白金板法表面张力仪；

（2）动/静态白金板表面张力仪；

（3）简单的吊板法仪器。

表面张力仪测试的一般是液液的界面张力或液气的界面张力。铂金板法用的是 24 mm×10 mm×0.1 mm 的铂金板，将其表面进行喷砂粗化处理，为的是更好地使其被测液体润湿。测试时将铂金板轻轻地接触到界面（或表面），由于液体表面张力的作用会将铂金板往下拉，当液体的表面张力及其他相关的力与仪器测试的反向的力达到平衡时，测试值就稳定不变了。基于高精度电子天平的检测系统检测到这个微小的力，并传到微处理机进行处理。控制分析软件经过一系列运算，将检测的力转化成表面张力值。

图 4-5 为实验测试系统，恒温水浴用于控制待测液体的温度。

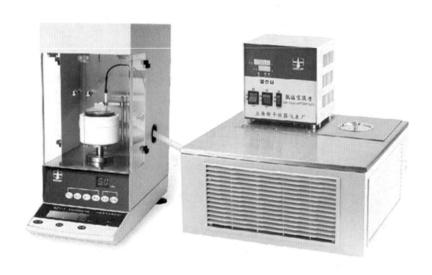

◆ 图 4-5　白金板提拉法测表面张力实验系统

四、实验步骤

测试前,将白金板和玻璃皿处理干净:用手拿白金板钩子,先用流水冲洗,冲洗时应注意与水流保持一定的角度,原则上尽量做到让水流洗干净板的表面,且不能让水流将板冲变形;用酒精灯烧白金板,一般在将其与水平面呈 45° 角时进行,直到白金板被烧至微红为止,所用时间为 20~30 s;如遇板上的有机体或其他污染物用水无法洗净时,则用丙酮或 20% HCl 加热 15 min 进行清洗,然后用水冲洗,再将白金板烧红即可。处理好白金板就可以开始测试步骤了。

(1) 开启恒温水浴,设定温度,开启循环水泵,预热测试平台。

(2) 将吊钩和白金板都挂好,接通电源,按"开/关"键,预热开机 30 min。

(3) 根据被测样品黏度的大小,设定修正值。一般经验参数为:低黏度样品设定为 5.0;高黏度产品设定为 8.0。可通过"设定 1"" 设定 2"键设置。

(4) 按"去皮"键,液晶屏显示为"0.0"或"0.00"。

(5) 按"校正"键,液晶屏显示"CAL",挂上随机所附的 400 mN 的标准砝码。

(6) 5 s 左右液晶屏即出现"400.0",听到"嘟"的声音后校正结束。

(7) 在样品皿中加入待测液体,将被测样品放于样品台上。

(8) 观测液晶屏显示值是否为"0"。按"去皮"键清零。准备就绪。

(9) 按"手动/自动"键,将表面张力仪调至自动状态。

(10) 按"向上"键自动测试表面张力,待显示屏的数值稳定后,可以读取液晶显示屏上的表面张力值。

(11) 完成测试。按"向下"键完成一次测试过程。

(12) 重复测试。按"向下"键,表面张力仪样品台逐渐下降,白金板脱离被测样品后,可先按"停止"键,然后再按"向上"键,进行测试,再次得到测试值,分析测试值的重复性。

(一)中高黏度液体测试

方法一 手动法

(1) 挂上白金板,并且归零。

（2）将表面张力仪调至手动状态，"手动/自动"键指示灯不亮。

（3）按"向上"键，使样品台上升。

（4）等白金板快接触到样品表面时，按"停止"键。等样品台停止后，白金板正好接触到样品表面，并且显示的表面张力值为负值。

注意事项

这个接触到样品表面的高度即为白金板插入样品深约1 mm。

（5）取下白金板并润湿5 mm高度，再挂上，如果显示值超过5 mN·m^{-1}，则将白金板表面的样品轻刮去一些，直到显示值低于5 mN·m^{-1}。

（6）重新挂上白金板，此时样品会接触到白金板，并出现表面张力现象，完成润湿过程。

（7）等相对稳定后，读取数值。

方法二　自动操作

（1）挂上白金板，并且归零。

（2）取下白金板，润湿5 mm高度。

（3）使用滤纸轻轻将粘在白金板上的液体擦拭掉。

（4）重新挂上白金板，显示值大于0，但不要归零，如果显示值大于5 mN·m^{-1}，再擦掉一些。

（5）按"向上"键，进行测试，稳定后读取数值。

（二）测量界面张力的方法

（1）白金板液体器皿净化处理：白金板用流水冲净后，用酒精灯烧红备用，器皿用酒精或丙酮除油污，冲洗干净备用。

（2）将高密度液体倒入器皿中至液高10 mm，再倒入低密度液体至液高30 mm。

（3）将"设定1"和"设定2"都设定为0。

（4）按"向上"键，工作台上升，碰到白金板后工作台不停，继续上升至白金板全部浸入低密度液体中，等稳定后按"去皮"键清零。

（5）按"向下"键，工作台退下至白金板退出低密度液体，取下白金板重新清洗干净。用酒精灯将白金板烧红，再将白金板浸入预先准备好的另一器皿中已倒入的相同高密度液体约 5 mm。可用滤纸吸取多余的液体。将白金板重新挂上钩子,但不去皮,按"向上"键,使白金板重新浸入低密度液体中,并不得接触界面,等待稳定。

（6）将"设定 1"和"设定 2"设置为 5.0,可视需要自行调整。

（7）按"向上"键,工作台向上运动,白金板碰到界面时仪器将自动停止,读取数值,此数值即为界面张力。

五、实验报告

1. 实验设备型号

2. 测试液体

3. 原始数据及数据处理过程

表 4-1 ◇ 实 验 数 据

实验次数	温度/℃	质量浓度/%					表面张力/(N·m⁻¹)	备注

4. 实验结果和实验误差分析

5. 实 验 心 得

实验五 表面接触角测量实验

一、实验目的

（1）通过光学镜头观测小液滴的轮廓，分析计算轮廓曲线，计算出接触角，得到液体的表面张力或界面张力。

（2）理解浸润现象和杨氏表面张力方程。

（3）掌握不同几何形状的数据拟合技巧。

二、实验原理

接触角是指在气、液、固三相交点处所作的气液界面的切线与固液交界线之间的夹角 θ，是润湿程度的量度。若 $\theta < 90°$，则固体是亲液的，即液体可润湿固体，其角越小，润湿性越好；若 $\theta > 90°$，则固体是憎液的，即液体不润湿固体，容易在固体表面上移动，不能进入毛细孔。

一滴液体落在水平固体表面上，如图 5-1 所示，当达到平衡时，形成的接触角与各界面张力之间符合杨氏公式：

$$\gamma_{s,v} = \gamma_{s,l} + \gamma_{l,v}\cos\theta \tag{5-1}$$

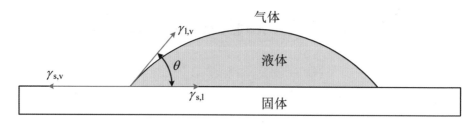

◆ 图 5-1 表面接触角与表面张力的关系示意图

由它可以预测如下五种润湿情况：

1）当 $\theta = 0$ 时，完全润湿，超亲水表面；

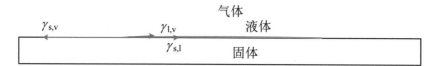

2）当 $0° < \theta < 90°$ 时，部分润湿或润湿，当 $0° < \theta < 60°$ 时，亲水表面；

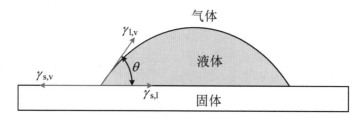

3）当 $\theta = 90°$ 时，是润湿与否的分界线；

4）当 $90° < \theta < 180°$ 时，部分润湿，当 $\theta \geqslant 140°$ 时，超疏水表面；

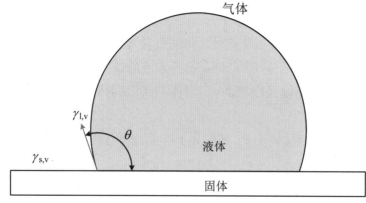

5）当 $\theta = 180°$ 时，完全不润湿。

将杨氏公式应用于停滴法（悬滴法）得：

$$\gamma\left(\frac{1}{R_1} + \frac{1}{R_2}\right) = \Delta\rho gz + \frac{2\gamma}{R_0} \tag{5-2}$$

液滴影像分析法主要为界面化学领域的专用算法,针对液滴的界面化学性质进行了专门的处理。本算法将杨-拉普斯公式(Young-Laplace equation)引入到接触角及界面张力(表面张力)的测试,综合考虑了重力、浮力、界面张力等各个因素的影响,也更为真实地表征了固-液-气或固-液-液三相体系的界面化学现象。其测值精度、重复性均比较高。

液滴影像分析法的具体实施过程为:拍摄液滴轮廓图像,采用图像识别技术提取图像边缘并得到坐标点,用坐标点拟合杨-拉普斯公式并得到表面张力值、体积值、表面积值以及接触角值等参数,参见图5-2。其核心技术为邦德系数 Bo(Bond Number)的算法以及拟合杨-拉普斯公式的算法两个部分。而根据邦德系数 Bo 不同,杨-拉普斯公式拟合技术分为两大类:ADSA(Axisymmetric Drop Shape Analysis,轴对称影响分析法)和 Select Plane(选面法)法两种。

$$\begin{cases} \dfrac{\mathrm{d}\theta}{\mathrm{d}s} = \dfrac{2}{R_0} + \dfrac{\Delta\rho gz}{\gamma} - \dfrac{\sin\theta}{x} \\[2mm] \dfrac{\mathrm{d}x}{\mathrm{d}s} = \cos\theta \\[2mm] \dfrac{\mathrm{d}z}{\mathrm{d}s} = \sin\theta \end{cases} \tag{5-3}$$

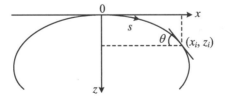

◆ 图5-2 液滴拟合曲线

---　三、实　验　系　统　---

图 5-3 为实验测试系统。

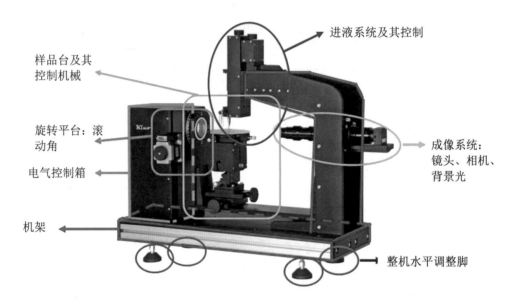

◆ 图 5-3　接触角测量实验系统

---　四、实　验　步　骤　---

（1）准备好样品和表面。

（2）将表面固定在样品台上，并调整样品台，样品台可三维移动和三轴旋转。

（3）接通 LED 灯和 CCD 电源。

（4）打开 CCD 软件，再打开操作软件。

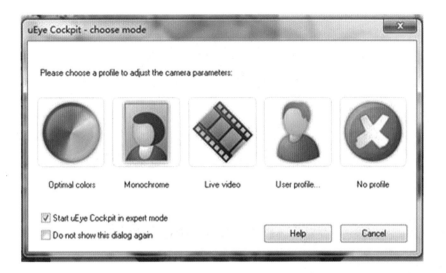

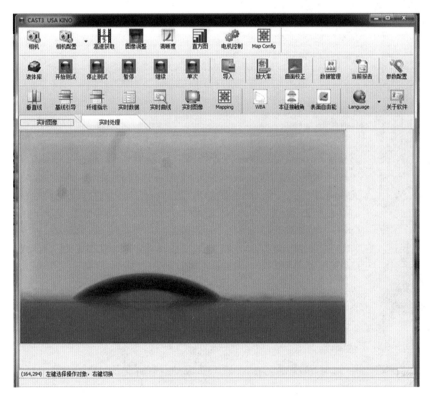

（5）固定进样器，CCD 镜头聚焦进样器尖端。

（6）滴液滴于表面，调整水平线。

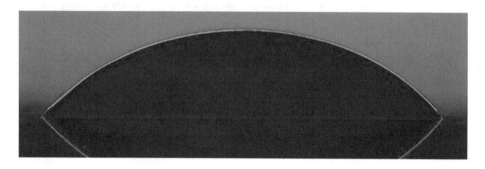

（7）开始测试，建立测试报告。

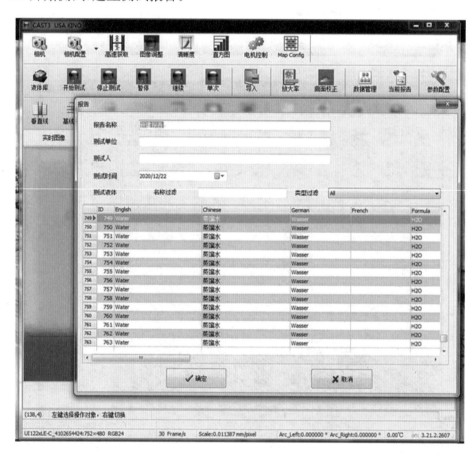

（8）选择测试类型和数据处理方法。

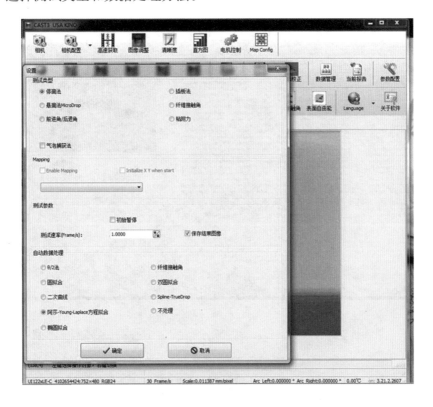

（9）进行测试，一直到数据稳定。

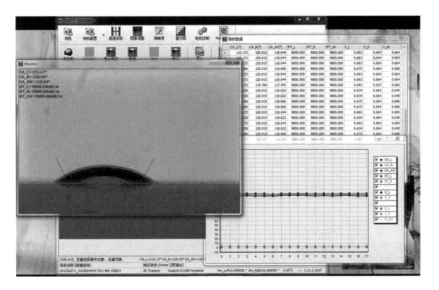

（10）停止测试，查看测试报告。

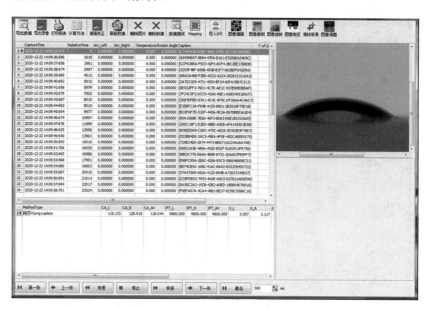

五、实验报告

1. 实验设备型号

2. 测试液体和表面

液体：_____

表面:_____,表面粗糙度:_____

环境温度:_____

测量方法:_____

3. 原始数据及数据处理过程

表 5-1 ◇ 实 验 数 据

实验次数	接触角

4. 实验结果和实验误差分析

_____

_____

_____

_____

5. 实 验 心 得

_____

_____

_____

_____

实验六 绝热节流系数测定实验

一、实验目的

（1）测量节流前后流体压力和温度的变化，计算气体绝热节流系数。

（2）理解绝热节流过程及其温度效应。

（3）掌握管道流体的压力和温度的测量与控制。

二、实验原理

节流过程是指流体（液体或气体）在管道中流经阀门、孔板或多孔堵塞等设备时压力降低的一种特殊的流动过程，如图 6-1 所示。如果节流过程中流体与外界没有热量交换就称之为绝热节流过程。节流过程在热力设备中常用于压力调节、流量调节或测量以及获得低温等方面。节流过程是典型的不可逆过程，整个过程中流体处于非平衡状态。

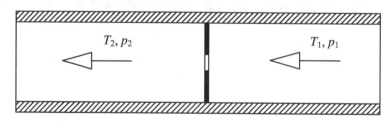

◆ 图 6-1 绝热节流小孔结构示意图

绝热节流前后的气体焓值相等，因此可以把绝热节流过程当作焓不变的过程。在此过程中，温度随压力降落的变化率称为微分节流效应。微分节流效应 μ 表示为

$$\mu = \left(\frac{\partial T}{\partial p}\right)_h \tag{6-1}$$

气体因节流引起温度变化相对于气体的温度值来说是很小的量。通常将式(6-1)中的温度和压力的微分量用有限差值来替代，所得结果也比较接近理论值。于是，微分节流效应可以根据下式直接测定：

$$\mu = \left(\frac{\Delta T}{\Delta p}\right)_h = \frac{T_1 - T_2}{p_1 - p_2} \tag{6-2}$$

测定时，通常维持节流的压力降 Δp 在 0.1 MPa 左右。在 0 ℃的空气绝热节流时，压力每降 0.1 MPa，温度约降低 0.28 ℃。

当绝热节流的压力降相当大时，引起的气体温度变化值称为积分节流效应。积分节流效应$(T_2 - T_1)$与微分节流效应 μ_Σ 的关系如下：

$$T_2 - T_1 = \int_{p_1}^{p_2} \mu \, \mathrm{d}p \tag{6-3}$$

$$\mu_\Sigma = \frac{T_1 - T_2}{p_1 - p_2} \tag{6-4}$$

式中，T_1、p_1 为节流前气体的温度和压力；T_2、p_2 为节流后气体的温度和压力。

根据式(6-2)测量出两端的压力和温度，再计算节流系数。测量过程中两侧的压力差不能调节太大，一般为 $\Delta p \leqslant 0.1$ MPa。根据直接测定的不同压力降时微分节流效应$(T_2 - T_1)$数据，在 T-p 图上画出一条等焓线，如图6-2所示。等焓线的斜率即为式(6-3)所表示的微分节流效应。改变节流前气体的状态(T_1, p_1)可以得到不同焓值的等焓线，从而求得微分节流效应与温度、压力的关系。

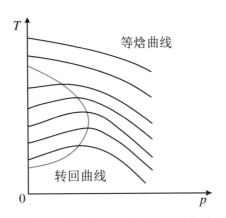

◆ 图6-2 绝热节流 T-p 关系曲线

三、实验装置

图 6-3 为绝热节流实验系统结构示意图,高压气源提供一定压力的实验气体介质,为节约实验用气体介质,采用循环方式测试。实验用节流阀作节流实验元件;节流前后气体的压力和温度分别用压力传感器和热电偶测量。用空压机为循环管道内气体介质流动提供动力,并维持节流阀前后气体的压力差;用调节阀调节节流阀前后气体的压力,并用压力表显示节流阀前端气体的压力;用控温管道控制进入节流阀的气体温度。

四、实验步骤

1. 微分节流效应

(1) 按图 6-3 检查系统管路连接和密封性。关闭排气阀,打开减压阀,充高压气体至压力表达到 6 MPa 以上,关闭减压阀。观测压力读数的变化,10 min 内压力降低量低于 0.1 MPa 即认为密封良好。否则,用肥皂液涂抹管道接缝处,检测泄漏点,加固排除泄漏。

(2) 打开排气阀,吹气排出管内杂质。缓慢开启减压阀,对管道进行低速吹气 1 min,关闭排气阀。

(3) 关闭排气阀,调节减压阀,并对管道进行充气,使压力达到 0.1 MPa。关闭减压阀。

2. 积分节流效应

(1) 开启测试系统,检查各点传感器的数值是否正常。如不正常,检查原因,并解决。

(2) 开启压缩机,调节稳压阀,设定进气压力为 0.6 MPa,调节压缩机的进气阀,调节节流阀的背压,前后压差小于 0.1 MPa,或温差低于 0.1 ℃。

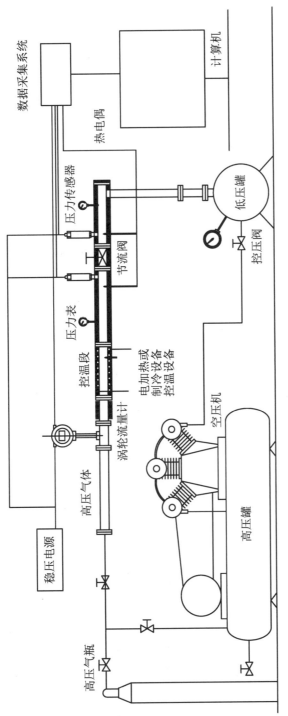

◆ 图 6-3 绝热节流实验系统示意图

（3）维持进气参数不变，调节节流阀的开度，测节流后的温度和压力变化。绘制等焓曲线。

（4）维持节流前的流体压力为恒定值，逐次改变节流前的流体温度，流体温度在 −10 ℃到 80 ℃采用用高低温水浴，流体温度高于 80 ℃采用电加热。实验中，节流构件两侧的压力差要维持在 0.1 MPa 左右。绘制不同温度的等焓线。

五、实 验 报 告

1. 实验系统结构及实验流程、实验设备型号及其参数

◆ 图 6-4 实验系统结构图（照片）

表 6-1 ◇ 实验设备参数

设备名称	型　号	量　程	备　注
稳压直流电源			
流量计			
压力传感器			
温度传感器			
空压机			

设备名称	型 号	量 程	备 注
数据采集器			
稳压阀			
……			

2. 节流阀参数和实验气体

_____

_____

_____

_____

3. 原始数据及数据处理过程

表 6-2 ◇ 实 验 结 果

实验次数	初始压力/MPa	初始温度/℃	出口压力/MPa	出口温度/℃	绝热节流系数 /(K·Pa^{-1})

实验次数	初始压力/MPa	初始温度/℃	出口压力/MPa	出口温度/℃	绝热节流系数 /(K·Pa⁻¹)

4．实验结果和实验误差分析

◆ 图6-5 实验测试温度曲线

5. 实 验 心 得

_____

_____

_____

_____

实验七 \ 喷管特性实验

一、实验目的

（1）测试喷管的流量、沿程压力随背压的变化，绘制喷管性能曲线。

（2）了解喷管结构及其热力学过程。

（3）掌握沿程压力的测量方法。

二、实验原理

（一）喷管中气流的基本原理

如图 7-1 所示，当气体流过喷管时，稳定流动连续方程（质量守恒方程）经微分后，得

$$\frac{\mathrm{d}A}{A} + \frac{\mathrm{d}c}{c} - \frac{\mathrm{d}v}{v} = 0 \tag{7-1}$$

对于开放系统，绝热定熵稳定流动过程的能量方程也可写成

$$\delta w_{\text{net}} = - v\mathrm{d}p \tag{7-2}$$

由绝热定熵状态方程微分后，得定熵指数

$$k \frac{\mathrm{d}v}{v} = \frac{\mathrm{d}p}{p} \tag{7-3}$$

将式（7-2）代入式（7-3），再代入式（7-1）中，最后得到

$$\frac{\mathrm{d}A}{A} = (Ma^2 - 1)\frac{\mathrm{d}c}{c} \tag{7-4}$$

式(7-4)反映了定熵流动过程的特性。式(7-4)中,马赫数 $Ma = \dfrac{c}{a}$,而声速 $a = \sqrt{-v^2\dfrac{\partial p}{\partial v}}$。

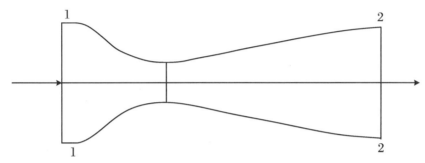

◆ 图 7-1 缩放喷管结构示意图

显然,当 $Ma<1$,喷管为渐缩型,即 $\mathrm{d}A<0$ 时,喷管中气流加速。

$Ma^2<1$ 时,$Ma^2\dfrac{\mathrm{d}c_f}{c_f} = \dfrac{\mathrm{d}v}{v}$,$\dfrac{\mathrm{d}c_f}{c_f}>\dfrac{\mathrm{d}v}{v}$,而 $\dfrac{\mathrm{d}A}{A} = \dfrac{\mathrm{d}v}{v} - \dfrac{\mathrm{d}c_f}{c_f}<0$。

当 $Ma>1$,喷管为渐扩型,即 $\mathrm{d}A>0$ 时,喷管中气流加速。

$Ma^2>1$ 时,$Ma^2\dfrac{\mathrm{d}c_f}{c_f} = \dfrac{\mathrm{d}v}{v}$,$\dfrac{\mathrm{d}c_f}{c_f}<\dfrac{\mathrm{d}v}{v}$,而 $\dfrac{\mathrm{d}A}{A} = \dfrac{\mathrm{d}v}{v} - \dfrac{\mathrm{d}c_f}{c_f}>0$。

(二) 气体流动的临界概念

为使问题简化,引入定熵滞止参数,有定熵滞止焓 $h^* = h + \dfrac{c^2}{2}$,定熵温度 $T^* = T + \dfrac{c^2}{2c_p}$。

在缩放喷管最小截面处,流速恰好达到当地声速,此处气流处于亚声速变为超声速的转折点,通常称之为流动临界状态。此时的各种参数称为临界参数。在定熵流动中,临界截面上气体的临界流速等于当地声速。此时临界截面上的气体压力与滞止压力之比称为临界压力比,有 $\nu_{cr} = \dfrac{p_{cr}}{p*}$。

经推导得到

$$\nu_{cr} = \left(\frac{2}{k+1}\right)^{\frac{k}{k-1}} \tag{7-5}$$

对于空气，$\nu_{cr} = 0.528$

对于理想气体，若出口截面积为 A，可得喷管流量

$$\dot{m} = A\sqrt{2\frac{k}{k-1}\frac{p*}{v*}\left[\left(\frac{p_2}{p*}\right)^{\frac{2}{k}} - \left(\frac{p_2}{p*}\right)^{\frac{k+1}{k}}\right]} \tag{7-6}$$

当渐缩喷管出口处气流速度达到音速或在缩放喷管喉部达到音速时，通过喷管的气体流量便达到了最大值，或成临界流量。可由下式确定：

$$\dot{m}_{max} = A_{min}\sqrt{2\frac{k}{k+1}\left(\frac{2}{k+1}\right)^{\frac{2}{k-1}}\frac{p*}{v*}} \tag{7-7}$$

渐缩喷管因受几何条件（$dA < 0$）的限制，由式（7-4）可知：气体流速只能等于或低于声速（$c \leqslant a$）；出口截面的压力只能高于或等于临界压力（$p_2 \geqslant p_{cr}$）；通过喷管的流量只能等于或小于最大流量（$\dot{m} \leqslant \dot{m}_{max}$）。根据不同的背压（$p_B$），渐缩喷管可分为三种工况：

（1）亚临界工况（$p_B > p_{cr}$），此时 $\dot{m} < \dot{m}_{max}$，$p_2 = p_B > p_{cr}$。

（2）临界工况（$p_B = p_{cr}$），此时 $\dot{m} = \dot{m}_{max}$，$p_2 = p_B = p_{cr}$。

（3）超临界工况（$p_B < p_{cr}$），此时 $\dot{m} = \dot{m}_{max}$，$p_2 = p_B > p_{cr}$。

缩放喷管的喉部 $dA = 0$，因而气流速度可达到声速 $c = a$；扩大段 $dA > 0$，出口截面处的流速可超声速 $c > a$，其压力可低于临界压力 $p_2 < p_{cr}$，但因喉部几何尺寸的限制，其流量的最大值仍为最大流量 $\dot{m}_{max}$。

气流在扩大段能做完全膨胀，这时出口截面处的压力称为设计压力 p_d。

缩放喷管随工作背压不同，也可分为三种工况：

（1）当背压等于设计背压即 $p_B = p_d$ 时，称为设计工况。此时气流在喷管中能完全膨胀，出口截面的压力与背压相等，即 $p_2 = p_B = p_d$，在喷管喉部，压力达到临界压力，流速达到声速，在扩大段转入超声速流动，流量达到最大流量。

（2）当背压低于设计背压即 $p_B < p_d$ 时，气流在喷管内仍膨胀到设计背压。当气流一离开出口截面便与周围介质汇合，其压力立即降至实际背压值，流量仍为最大流量。

（3）当背压高于设计背压即 $p_B > p_d$ 时，气流在喷管内膨胀过度，其压力低于背压，以至于气流在未到达出口截面处便被压缩，导致压力突然跃升（即产生激波），在出口截面处，其压力达到背压。激波产生的位置随着背压的升高而向喷管入口方向移动，激波在未到达喉部之前，其喉部的压力仍保持临界压力，流量仍为最大流量。当背压升高到

某一值时,将脱离临界状态,缩放喷管便与渐缩喷管的特性相同了,其流量低于最大流量。

三、实 验 系 统

缩放喷管也称为拉法尔喷管,由三个部分构成:收缩段、喉部和扩张段。

1. 收缩段

亚声速收缩段的作用是使气流加速,同时要保证收缩段的出口气流均匀、平直而且稳定。收缩段的性能取决于收缩段进口面积和出口面积的比值及收缩段曲线形状。将收缩段设计成维托辛思基曲线,收缩段上任意截面半径为

$$R = \frac{R_c}{\sqrt{1 - \dfrac{(1 - n^2)(1 - k^2)^2}{\left[1 + \left(\dfrac{k}{\sqrt{3}}\right)^2\right]^3}}} \tag{7-8}$$

式中,R_c 为喉部几何半径,$n = \dfrac{R_c}{R_1}$,$k = \dfrac{x}{L_1}$。

2. 喉部

喉部是气流从亚声速转变为超声速的过渡段,喉部直径的选取受到气流流量的限制。喉部变化不能太快,这里选用一段圆弧作为过渡曲线。

3. 扩张段

扩张段曲线采用基于特征线法的富尔士法进行设计。超声速扩张段曲线包括三段曲线:喉部过渡段、直线段和消波段,其中喉部过渡段和直线段是使气流加速的,消波段是设法将膨胀波在壁面的反射消灭,以保证实现出口气流均匀。

由以前对不同渐扩顶锥角的模拟对比发现,当喷管渐扩顶锥角如图7-2所示在8°～12°范围内变化时,对流动特性影响不明显,实际效果颇佳。当 φ 取10°时,其流动更接近等熵流。

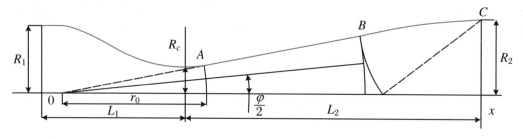

◆ 图 7-2　喷管结构设计示意图

故渐扩段的长度为

$$L_2 = \frac{R_2 - R_c}{\tan\dfrac{\varphi}{2}} = \frac{R_2 - R_c}{\tan 5^\circ} \tag{7-9}$$

实验所需的设备和仪器仪表有:喷管实验段(渐缩喷管和缩放喷管各 1 个)、流量计、压力传感器、温度传感器、气源设备、压缩机等。

喷管实验系统如图 7-3 所示,喷管测试段可安装渐缩喷管和缩放喷管,可用压缩空气或高压气体作待测气体。喷管测试段前面的管道中用涡轮流量计测气体流量,高低温段用来控制实验测试气体的温度。在喷管测试段的前后进气管道和排气管道中安装压力传感器和温度传感器,测量压力和温度,用压力表显示前后压力变化;用真空泵和真空罐控制喷管实验段的背压;喷管内的沿程压力用连接压力传感器的移动比托管测量,并用步进电机精确驱动探针移动(如图 7-4 所示);数据采集系统实时快速记录并存储传感器输入的数据。

四、实验步骤

(1) 开启测试系统,数据采集时间间隔为 0.5 s,检查各测试点数据是否正常,如不正常,排除影响因素。

(2) 开启步进电机,设定转速,将探针移出喷管内,探针前端不能超过喷管的尾部,关闭步进电机。

(3) 打开背压阀,关闭高压瓶的减压阀,或空压机的排气阀和进气调压阀门,开启真空泵,抽真空,排除管道内剩余其他气体。

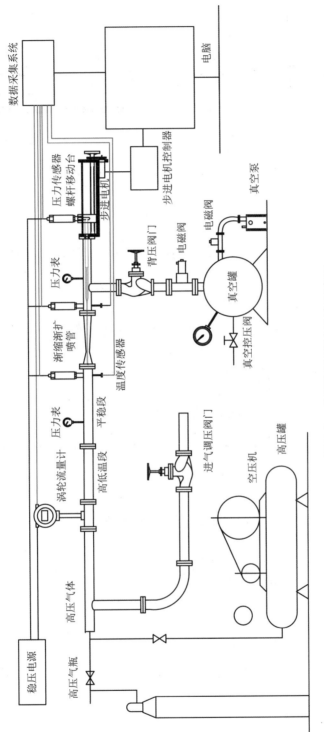

◆ 图 7-3 喷管实验测试系统示意图

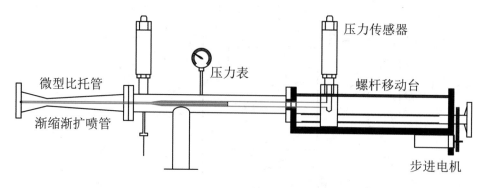

◆ 图 7-4　比托管的安装与控制

（4）关闭背压阀门，打开高压瓶减压阀，压力设为 0.1 MPa，开启高压瓶向管道内充入一定压力的待测气体。

（5）真空泵保持开启状态，调节背压阀设定合适的背压（见真空表读数），并记下该数值。

（6）查看管道流量和进出口温度。

（7）开启步进电机，以 1 mm·s^{-1} 的速度移动探针进入喷管，一直到喷管进口端，关闭电机停止移动探针。

（8）保持进气温度和压力不变，调节背压阀调低背压，继续测试。

（9）开启步进电机，快速退出探针，直至出口，停止，再以 1 mm·s^{-1} 的速度移动探针进入喷管，一直到喷管进口端。

（10）至少做三种不同的背压实验：喷管出口背压等于设计压力；喷管出口背压小于设计压力；喷管出口背压大于设计压力。如压力降不下来，打开阀门排气，直到压力符合要求。

（11）调节高压瓶的减压阀，分别设定 0.4 MPa、1.2 MPa、2.0 MPa、4.0 MPa、8.0 MPa 等不同压力实验。

（12）实验结束，关闭测试系统，保存数据。

五、实 验 报 告

1. 实验系统结构及实验流程、喷管型号及其参数

◆ 图 7-5　实验系统结构图(照片)

表 7-1 ◇ 实验设备参数

设备名称	型　　号	量　　程	备　　注
稳压直流电源			
流量计			
压力传感器			
温度传感器			
空压机			
数据采集器			
稳压阀			
真空泵			
电磁阀			
……			

2. 实验气体

---

3. 原始数据及数据处理过程

表 7-2 ◇ 沿程压力变化

进气压力/Pa										
背压/Pa										
沿程压力/Pa										

4. 实验结果和实验误差分析

◆ 图7-6　沿程压力变化曲线

5. 实验心得

实验八　相变潜热测定实验

────── 一、实 验 目 的 ──────

(1) 测量高温液体冷却过程中的温度变化和饱和温度,计算相变潜热。

(2) 理解饱和温度和相变潜热的概念。

(3) 掌握冷却曲线面积计算相变潜热的方法。

────── 二、实 验 原 理 ──────

用加热冷却法测潜热:将装有固态材料(石蜡)的试管浸入恒温水浴中加热熔化。水浴温度要高于固体材料的熔点。待固体材料完全熔化后,继续加热 5 min,然后取出试管,放在温度为 T_i 的冷水浴中,测液体材料的温度变化。其冷却曲线如图 8-1 所示。

设试管外对流换热系数为 h,一般情况下可得

$$Bi = \frac{hR}{k_{PCM}} \leqslant 0.1 \tag{8-1}$$

可认为相变材料(PCM)的温度是均匀一致的。

由于 T_m 和 $T_m - \Delta T$ 之间的温度范围较小,对流换热系数 h 可近似为常数,于是有

$$(m_0 c_{p,0} + m c_p)[T_0 - (T_m - \Delta T)] = \int_0^{t_1} hA(T - T_i)\mathrm{d}t = hAA_1 \tag{8-2}$$

$$mH_m = \int_{t_1}^{t_1 + t_2} hA(T - T_i)\mathrm{d}t = hAA_2 \tag{8-3}$$

式中，$m_0 c_{p,0}$ 为试样容器的质量和比热容，mc_p 为 PCM 的质量和比热容，A 为试管对流换热的面积，得

$$H_m = \frac{A_2}{A_1}(T_0 + \Delta T - T_m)\frac{m_0 c_{p,0} + mc_p}{m} \tag{8-4}$$

式中，纯 PCM 的比热容一般可从热物性手册上查得，而混合 PCM 的比热容可由下式求得，即

$$c_p = \sum_{i=1}^{n} x_i c_{p,i} \tag{8-5}$$

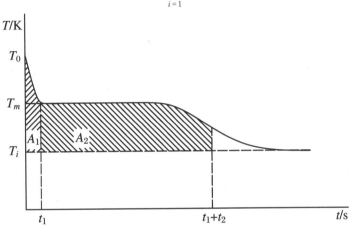

(a) 没有过冷温度的冷却 T-t 曲线

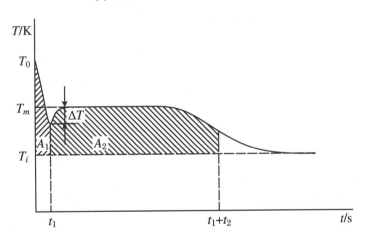

(b) 有过冷温度的冷却 T-t 曲线

◆ 图 8-1　高温液体冷却 T-t 曲线

将装有水的试管（水的体积与 PCM 的体积相同）放入恒温水浴中，等其达到水浴温

度 T_0 后，将试管迅速取出，放在温度为 T_i 的冷水浴中，其冷却曲线如图 8-2 所示。

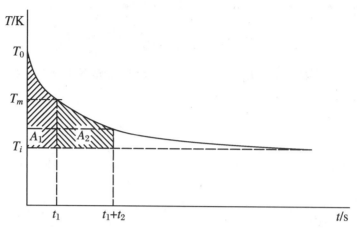

◆ 图 8-2　热水冷却 T-t 曲线

得到下列公式：

$$(m_0 c_{p,0} + m_w c_{p,w})[T_0 - (T_m - \Delta T)] = hA(A_1' + A_2') \tag{8-6}$$

$$(m_0 c_{p,0} + m_w c_{p,w})\Delta T = hA A_2' \tag{8-7}$$

进一步得到

$$c_p = \frac{m_w c_{p,w} + m_0 c_{p,0}}{m} \cdot \frac{A_1}{A_1' + A_2'} - \frac{m_0}{m} c_{p,0} \tag{8-8}$$

$$H_m = \frac{A_2}{A_1' + A_2'} \cdot \frac{1}{m} \cdot (m_0 c_{p,0} + m_w c_{p,w}) \cdot (T_0 + \Delta T - T_m) \tag{8-9}$$

利用试管中 PCM 在水浴中熔解（凝固）时的 T-t 曲线可算出 PCM 的固液导热系数。

加热冷却法具体过程如下：

将装有初温为 $T_0 (> T_m)$ 的 PCM 的试管迅速放入温度为 10 ℃ 的恒温水浴中，由于水和试管间的对流换热系数较大，试管内的 PCM 不能用集总热容法处理。

假设：

(1) PCM 的物性为常数。

(2) 由于斯蒂芬数 Ste 很小，作准稳态假设：

$$Ste = \frac{C(T_w - T_m)}{\Delta h_m} \tag{8-10}$$

(3) 忽略试管壁的热阻。

(4) 忽略固液界面上液态 PCM 通过对流换热传给固态 PCM 的热量（远小于相变释热）。

(5) 试管长径比大于 10，试管内 PCM 的相变传热可近似为一维传热。

一维非稳态传热，采用圆柱坐标系，设 z 轴通过试管轴线，固相区有

$$\frac{1}{r}\frac{\partial}{\partial r}\left(r\frac{\partial T}{\partial r}\right) = \frac{1}{\alpha}\frac{\partial T}{\partial t} \quad (\zeta < r < R, t > 0) \tag{8-11}$$

① 边界条件为 $T(r = R) = T_\infty$，$(t > 0)$；

② 初始条件为 $T(\zeta = R) \cong T_m$，$(t = 0)$；

③ 相变界面：$T(r = \zeta) = T_m$，$k_s\left.\dfrac{\partial T}{\partial r}\right|_{r=\zeta} = \rho H_m\dfrac{\mathrm{d}\zeta}{\mathrm{d}t}$。

由准稳态假设和控制方程得

$$T(r) = C_1\ln r + C_2 \tag{8-12}$$

将边界条件及 $T(r = \zeta) = T_m$ 代入式(8-12)，得

$$C_1 = \frac{T_\infty - T_m}{\ln\dfrac{R}{\zeta}}, C_2 = T_m - \frac{(T_\infty - T_\zeta)\cdot\ln\zeta}{\ln\dfrac{R}{\zeta}}$$

$$T(r) = (T_\infty - T_m)\frac{\ln\dfrac{r}{\zeta}}{\ln\dfrac{R}{\zeta}} + T_m \tag{8-13}$$

$$\left.\frac{\partial T(r)}{\partial r}\right|_{r=\zeta} = (T_\infty - T_m)\frac{1}{\zeta\ln\dfrac{R}{\zeta}} \tag{8-14}$$

代入

$$k_s\left.\frac{\partial T}{\partial r}\right|_{r=\zeta} = \rho H_m\frac{\mathrm{d}\zeta}{\mathrm{d}t} \tag{8-15}$$

得到

$$\frac{k_s}{\rho H_m}\mathrm{d}t = \frac{\zeta\ln\dfrac{R}{\zeta}}{T_\infty - T_m}\mathrm{d}\zeta \tag{8-16}$$

进行积分得 PCM 的总"冻结时间"为

$$t_f(\zeta = 0) = \frac{\rho H_m R^2}{4k_s(T_m - T_\infty)} \tag{8-17}$$

从而 PCM 的固态导热系数为

$$k_s = \frac{\rho H_m R^2}{4t_f(T_m - T_\infty)} \tag{8-18}$$

三、实验材料

高低温恒温槽,天平,杜瓦瓶,石蜡(颗粒状),玻璃试管,数据采集系统和其他辅助材料。

四、实验步骤

(1) 开启高低温恒温槽,温度设置为80 ℃,运行,备用。

(2) 取玻璃试管洗净、干燥并称重,称取适量的(应是试管质量的5倍以上,为10~30 g)石蜡颗粒,置于试管内。

(3) 杜瓦瓶内盛1000 mL冰水混合物,冰占80%以上。将热电偶冷端置于此冰杜瓦瓶内,摇晃几下使瓶内温度均匀。

(4) 另备一支杜瓦瓶内盛2000 mL水,内置热电偶,备用。

(5) 将装有石蜡的试管置于80 ℃水浴中,加热熔化石蜡,液态石蜡应占试管2/3的容量。

(6) 全部熔化后,塞上带热电偶的橡皮塞。继续加热5 min,并记录温度变化直至稳定。

(7) 迅速取出试管,将其置于有2000 mL水的杜瓦瓶内,液状石蜡的液面要低于杜瓦瓶内的水面。

(8) 记录杜瓦瓶内水和试管内石蜡的温度,直至温度相等,稳定5 min。

(9) 取出试管,再置于水浴装置中继续加热,记录熔化温度变化。

五、实验报告

1. 实验系统结构及实验流程、实验设备型号及其参数

◆ 图 8-3　实验系统结构图（照片）

表 8-1 ◇ 实验设备参数

设备名称	型　　号	量　　程	备　　注
恒温槽			
天平			

2. 测试样品参数

表 8-2 ◇ 实 验 样 品

样品名称	密度/(kg·m⁻³)		固液潜热/(kJ·kg⁻¹)	导热系数/(W·m⁻¹·K⁻¹)	
	液态	固态		液态	固态

3. 原始数据及数据处理过程

◆ 图 8-4　冷却 $T-t$ 曲线

4. 实验结果和实验误差分析

5. 实验心得

实验九 \ 蒸汽压缩制冷循环实验

—、实 验 目 的

（1）测量压缩机的功耗和蒸发器的吸热量，计算空调系统的 COP。

（2）掌握卡诺逆循环和蒸汽压缩制冷循环的热力原理。

（3）掌握测量热力循环参数变化和热机性能评估的方法。

二、实 验 原 理

蒸汽压缩制冷装置由蒸发器、压缩机、冷凝器和节流阀组成。它们之间用管道连接，形成一个密封的系统，系统内装有一定量的制冷剂。

制冷剂的湿蒸汽从蒸发器出来，经气液分离器后变成饱和蒸汽，再被引入到压缩机内进行压缩，成为高温高压过热蒸汽，在经过冷凝器时向外散热，冷凝成高压低温的饱和液体；液态制冷剂经节流阀节流减压膨胀，温度和压力同时下降，低温低压制冷剂在蒸发器内吸热而汽化，变成湿蒸汽，完成一个热力循环。

图 9-1 所示的蒸汽制冷循环由四个过程构成：压缩过程 1-2、冷凝过程 3-2、节流过程 3-4 和蒸发过程 4-1。

1. 蒸发过程

液态制冷剂经节流后，压力降低，进入蒸发器开始沸腾气化，吸收周围介质热量 q_0

使其降温,达到制冷的目的。

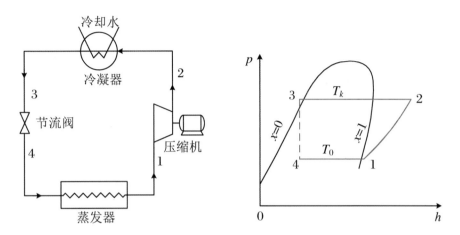

◆ 图 9-1 蒸汽压缩制冷循环系统及压焓图

为了方便,全书用单位质量的制冷剂作载体计算。

单位制冷量为

$$q_0 = h_1 - h_4 \tag{9-1}$$

2.压缩过程

从蒸发器内出来的制冷剂蒸汽被压缩机吸入,压缩机对其做功 W,压缩成高温高压气体。压缩机也为制冷剂循环流动提供动力。

理论比功为

$$w_0 = h_2 - h_1 \tag{9-2}$$

3.冷凝过程

从压缩机排出的高温高压制冷剂蒸汽,在冷凝器内冷凝放热,把热量传给周围介质,制冷剂冷凝成液体。

冷凝热为

$$q_2 = h_2 - h_4 \tag{9-3}$$

4.节流过程

从冷凝器出来的液态制冷剂经过节流装置降压到蒸发压力。节流装置起到维持蒸发器内的低压环境和冷凝器内的高压环境。

制冷系数为

$$\varepsilon_0 = \frac{q_0}{w_0} = \frac{h_1 - h_4}{h_2 - h_1} \tag{9-4}$$

热力完善度为

$$\eta = \frac{\varepsilon_0}{\varepsilon_c} = \frac{h_1 - h_4}{h_2 - h_1} \frac{T_4 - T_0}{T_0} \tag{9-5}$$

定义为在蒸发温度和压缩机排气温度之间工作的逆卡诺循环的制冷系数。

三、实 验 装 置

用两个水浴分别控制蒸发器和冷凝器的温度,并用这两个水浴测量蒸发器和冷凝器的换热量。在压缩机、冷凝器、节流毛细管和蒸发器的出口处设置温度和压力传感器测该处管道内制冷介质的温度和压力。压缩机的功率用电功率表测量。

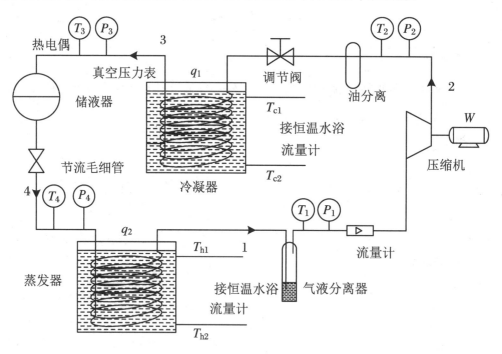

◆ 图 9-2　蒸汽压缩制冷装置与循环

四、实验步骤

（一）实验前准备

（1）检查系统内制冷介质的压力表的压力。

（2）检查各路电源电压表和电流表的示数。

（3）蒸发器和冷凝器均注满水，水箱与恒温水浴相连，开启水泵循环，检查管路是否泄漏，并排除管道内空气。

（4）检查各点温度仪表显示的温度值是否合理。

（二）进行操作和测试

（1）设定两恒温水浴不同的温度，启动水循环开始工作，等待温度稳定。

（2）启动压缩机，同时观察电流显示值，一般在 7～8 A。

（3）观察高压表和低压力表的读数，高压表有上升趋势，在 1.5 MPa 左右，低压表应从高处往低处降，从 1 MPa 左右缓缓地下降至 0.4 MPa 左右。

（4）查看各点的温度，其排气温度较高，约 60 ℃，有时甚至更高（具体视高压力情况而定），蒸发温度随低压力的下降而下降，最后随着蒸发器冷却水的不断循环而温度下降趋于缓慢。

（5）系统稳定后，开启数据记录系统，记录各点温度、压力和流量等参数。

（6）用调节阀调节节流毛细管前端的压力，测试不同压力下的制冷效果。

（7）调节蒸发器和冷凝器水浴的温度，测试外部环境对制冷循环效率的影响。

（8）实验结束后关闭压缩机，关闭水浴，切断电源。

五、实验报告

1. 实验系统结构及实验流程、实验设备型号及其参数

◆ 图 9-3　实验系统结构图（照片）

表 9-1 ◇ 实验设备参数

设备名称	型　号	功　率	量　程	备　注
压缩机				
恒温水浴				
流量计				
热电偶				
压力传感器				
……				

表 9-2 ◇ 实 验 参 数

实验参数	实验次数			
	1	2	3	
蒸发温度/℃				
冷凝温度/℃				
蒸发器温度/℃												
冷凝器温度/℃												

2. 制 冷 介 质

表 9-3 ◇ 制冷介质热物性参数

温度/℃	绝对压力/Pa	导热系数/(W·m⁻¹·K)		比容/(m³·kg⁻¹)		比焓/(kJ·kg⁻¹)		比热容/(kJ·kg⁻¹)		黏度/(Pa·S)	
		液体	气体	液体	气体	液体	气体	液体	气体	液体	气体

3. 原始数据及数据处理过程

表 9-4 ◇ 热力循环实验结果

次数	$T_1/℃$	P_1/Pa	$T_2/℃$	P_2/Pa	$T_3/℃$	P_3/Pa	$T_4/℃$	P_4/Pa
1								
2								
3								

表 9-5 ◇ 热效率实验结果

	进口温度/℃	出口温度/℃	质量流量 /(kg·s⁻¹)	换热量/kJ	压缩机 功率/W
蒸发换热器					
冷凝换热器					
……					
效率					

4. 实验结果和实验误差分析

◇ 图 9-4　实验热力循环图

5. 实 验 心 得

实验十 \ 活塞式压缩机性能实验

一、实验目的

（1）测量活塞缸内压力的变化，绘制压缩机热力循环图，计算容积效率和指示功。

（2）理解压缩机热力循环过程及其热力学原理。

（3）掌握高频采集压力信号的技术，利用 $p\text{-}V$ 图分析压缩机的性能。

二、实验原理

图 10-1 为单极活塞式压缩机的示意图。当活塞自左止点向右移动时，进气阀 A 开启，初态为 p_1、T_1 的气体被吸入汽缸。活塞到达右止点时，进气阀 A 关闭，此为吸气过程。

然后，活塞在外力作用下向左回行，缸内一定质量的气体被压缩升压，直到活塞左行至某一位置时，气体压力升高到预定压力 p_2 为止，此为压缩过程。

接着，排气阀 B 开启，活塞继续左行，把压缩气体排至储气罐，直到活塞到达左止点，此为排气过程。

在各类压缩气机中，气体从低压到高压的状态变化过程，是通过消耗外功对气体压缩来实现的。

在实际的活塞式压缩机中，当活塞达到左止点时，活塞与缸盖之间保持有一定的余隙容积，以避免活塞与缸盖的撞击。排气后余隙容积内残留有一定数量的高压气体，当活塞回行吸气时,残留的高压气体先行膨胀,直到压力自 p_2 下降到 p_1 时气缸才能进气。

所以活塞式压缩机的一个热力循环包括定压吸气、多变压缩、定压排气和多变膨胀四个冲程。

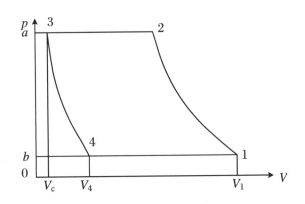

◆ 图 10-1　单极活塞式压缩机热力学循环

压气机是周期性工作的,但因工作过程中气体有进有出,可以将其看作一个开口系,其能量方程为

$$Q = (H_2 - H_1) + W_t \tag{10-1}$$

压缩过程中气体状态的变化为

$$pv^n = \text{const} \quad (1 < n < k) \tag{10-2}$$

耗功量为

$$w_t = -\int_1^2 v\,\mathrm{d}p \tag{10-3}$$

$$w_{c,n} = \frac{n}{n-1} R_g T_1 (\pi^{\frac{n}{n-1}} - 1) \tag{10-4}$$

气体与环境交换的热量为

$$Q_n = m\frac{n-k}{n-1} C_v (T_2 - T_1) \tag{10-5}$$

气缸吸气的有效进气容积与活塞的排量容积之比即有效容积为

$$\eta_v = \frac{V_e}{V_h} \tag{10-6}$$

有效进气容积为

$$V_e = V_1 - V_4$$

工作容积即活塞排量为

$$V_h = V_1 - V_3$$

余隙容积的存在,使压气机的产气量减少,但耗功量也减少。其实单位气体的功耗并不受余隙容积大小的影响,余隙容积大小只影响设备大小和成本。

三、实 验 装 置

本实验装置主要由压气机和配套的电机、储气罐及测试系统组成。电机通过曲轴联杆与活塞相连并驱动活塞运动,在电机轴上安装一个测速飞轮测速,用于确定活塞的位置。测试系统包括高频压力传感器、热电偶、电磁传感器、高频数据采集卡和计算机,详见图 10-2 所示。

为获得反映压气机性能的示功图,在压气机缸上安装了一个应变式高频压力传感器,供实验时输出气缸内的瞬态压力信号。对应着活塞下止点的位置,在飞轮外侧粘贴着一块磁条,从电磁传感器上取得活塞下止点的脉冲信号,作为控制采集压力的起止信号,以达到压力和曲柄转角信号的同步。这两路信号分别经放大后送入 A/D 板转换为数值量,然后送到计算机,经计算处理便得到了压气机工作过程中的有关数据及展开示功图。

四、实 验 步 骤

(1) 开启阀门排空压力储气罐内的气体,为实验做准备,关闭阀门。

(2) 按图 10-2 检查连接线路是否牢固,如有松动,按标准紧固。

(3) 启动计算机,打开数据采集系统,运行测试软件。

(4) 点击"标定大气压力"按钮,绘图区会绘制一条红色直线,表示大气压力线。

(5) 开启压气机,调节排气阀,使表压值稳定在 0.2～0.8 MPa。

(6) 点击"开始采集"按钮,绘图区根据压力传感器数据绘制一条压力变化曲线。

(7) 关闭压气机。

(8) 点击"转换 pV 图"按钮,绘制 p-V 图。

(9) 点击"下一步"按钮计算指示功和指示功率。

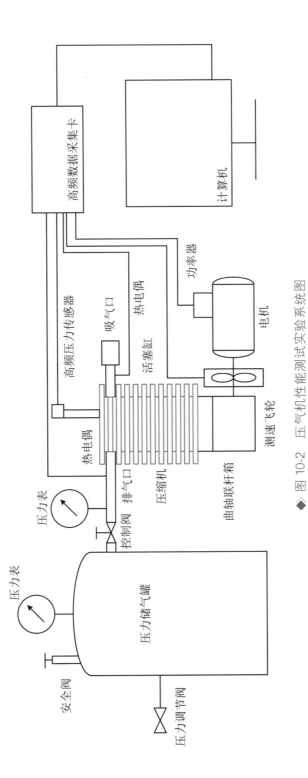

◆ 图 10-2　压气机性能测试实验系统图

（10）点击"下一步"按钮计算多变指数和容积效率。

（11）点击"保存"按钮，点击"提交"按钮。

五、实验报告

1. 实验系统结构及实验流程、实验设备型号及其参数

◆ 图 10-3　实验系统结构图（照片）

表 10-1 ◇ 实验设备参数

设备名称	型　　号	量　　程	备　　注
压缩机			
高频压力传感器			
数据采集卡			
磁力传感器			
热电偶			
……			

2. 实验条件和参数设置

排气压力：_____

_____

_____

_____

3. 原始数据及数据处理过程

◆ 图 10-4　压力变化曲线图

4. 实验结果和实验误差分析

◆ 图 10-5　压缩机热力循环图

5. 实 验 心 得

实验十一 半导体致冷片性能测试实验

(1) 测试构件的导热系数、电导率和 Seebeck 系数,计算热电材料的优值系数。

(2) 掌握 Seebeck 效应及其应用。

(3) 掌握电流、电压的测试方法。

衡量热电材料的一个重要性能指标就是优值系数 Z,它可由式(11-1)求出:

$$Z = \frac{\alpha^2 \sigma}{k} \tag{11-1}$$

σ 愈大,表示电流通过电偶臂的电阻愈小,由于产生焦耳热而造成的热电性能降低也就愈小。k 愈小,表示从热端到冷端的导热损失愈小,有利于提高材料的热电性能。

设 T 是材料两端温度的平均值,则 ZT 为无量纲优值系数,通常热电材料的工作温度限制在 300 K 左右。目前热电材料的优值系数 ZT 只达到 1.35 左右,而 ZT 值从热力学角度上来讲是没有上限的。如果能够将 ZT 值提高到 3,那么热电装置的热电转换效率将会接近于理想卡诺机。由于式(11-1)的几个参数是相互关联的,ZT 值的优化就成为研究的目标。

材料的温差电动势率(Seebeck 系数)α 为

$$\alpha = \frac{\Delta E}{\Delta T} \tag{11-2}$$

在两种金属 A 和 B 组成的回路中,如果使两个接触点的温度不同,则在回路中将出现电流,称其为热电流。相应的电动势称为热电势,其方向取决于温度梯度的方向。一般规定热电势方向为:在热端电流由负流向正。

材料的电导率 σ 通过欧姆定律和电阻定律测量。在同一电路中,通过某一导体的电流跟这段导体两端的电压成正比,跟这段导体的电阻成反比,这就是欧姆定律。得到

$$\cdot \sigma = \frac{1}{R} \tag{11-3}$$

可用平板法测导热系数,在确定的温差下,通过测试物体的热流密度得到

$$k = \frac{Q}{A\dfrac{\mathrm{d}T}{\mathrm{d}x}} \tag{11-4}$$

佩尔捷效应(Peltier effect):当两种不同的导体组成电路且通有直流电时,在一个接头处会放出热量,另一个接头处会吸收热量。

汤姆孙效应(Thomson effect):当电流通过单一导体,且该导体中存在温度梯度时,就会有可逆的热效应产生。

热电制冷的 Peltier 热为

$$Q_{\mathrm{P}} = \pi I \tag{11-5}$$

沿热电臂导入冷接头的热量为

$$Q_{\mathrm{hc}} = \frac{1}{2}Q_{\mathrm{J}} + Q_{\mathrm{K}} = \frac{1}{2}I^2R + k\Delta T \tag{11-6}$$

则热电偶产冷量为

$$Q_0 = \pi I - \frac{1}{2}I^2R - k\Delta T \tag{11-7}$$

由式(11-7)得

$$\Delta T = \frac{\pi I - \dfrac{1}{2}I^2R - Q_0}{k} \tag{11-8}$$

在制冷量最大时的电流为

$$I_{\max} = \frac{\pi}{R} \tag{11-9}$$

得到最大温差为

$$\Delta T_{\max} = \frac{1}{2}ZT^2 \tag{11-10}$$

最大产冷量为

$$Q_{c,max} = \frac{\alpha^2}{R}\left(\frac{T_c^2}{2} - \frac{\Delta T}{Z}\right) \tag{11-11}$$

COP（coefficient of performance）是制冷循环中产生的制冷量与制冷所耗电功率之比，制冷时的性能系数也称 *EER*（energy efficiency ratio）。

$$COP = \frac{Q_c}{W} \tag{11-12}$$

三、实 验 系 统

下面根据式(11-2)测 α，构造如图 11-1 所示的实验系统，用两个换热器分别与两个恒温水浴装置相连，构建起两个不同的温度热源。根据式(11-4)测 k，为了使模块两侧温度分布均匀，在模块与换热器之间用一定厚度的铜板，如图 11-2 所示。除了温差外，需要测热流量，为此在水浴系统安装流量计和温度传感器。

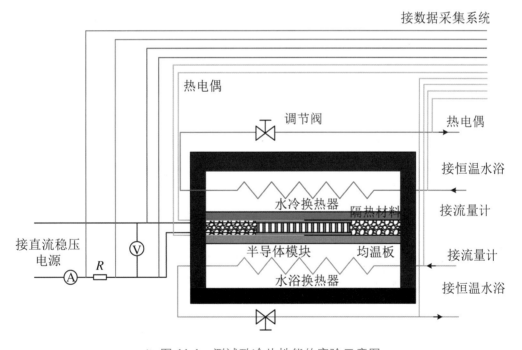

◆ 图 11-1　测试致冷片性能的实验示意图

均温板　　　　　半导体模块

◆ 图 11-2　测试片及致冷模块结构示意图

═══════ 四、实 验 步 骤 ═══════

（1）按图 11-1 组建实验测试系统，并检查管路是否密封，防止漏水。

（2）开启两恒温水浴，设定不同的温度，调节水泵流量预热热源，使系统低温端与环境的热交换保持稳定。

（3）开启 Agilent 34970A 数据采集仪，设定好测量参数，观测多种传感器传输的数据是否正常；若不正常，则设法排除故障。

（4）测导热系数：

① 先测试与致冷模块等厚度的隔热材料的导热系数。隔热材料与换热器均温板面积大小一致。

② 在隔热材料中心切除与致冷模块等大小的空间，并将致冷模块置于其中。

③ 在致冷模块两面涂上导热硅胶，与隔热材料一同置于两个均温板之间，加压夹紧。

④ 系统稳定后，读取相关数据，计算致冷模块的导热系数。

（5）测试热电模块温差电势：设定冷热均温板的温度，待温度稳定后测热电模块的输出电动势。

（6）计算热电模块的热电系数。

（7）切换成制冷模式。开启稳压电源，设定不同电压，最高电压为 12 V。

（8）散热端换热器设定为 80 ℃，电压设为 5 V、7 V、9 V、10 V、11 V、12 V 等，分别测冷端最低温度以及不同温度下的制冷量。

（9）设置不同的热端温度 70 ℃、60 ℃、50 ℃、40 ℃、30 ℃、20 ℃、10 ℃、0 ℃ 等，重复步骤（8）。

（10）测试热电模块的致冷效率 COP。

（11）记录实验数据，包括冷热均温板的温度、冷端热沉进出口水流的温度、体积流量，以及稳压源的电流和电压。

（12）处理实验数据。

五、实验报告

1. 半导体热电模块参数

◆ 图 11-3　实验系统结构图（照片）

2. 设备参数及运行条件

表 11-1 ◇ 实验设备参数

设备名称	型　　号	量　　程	备　　注
半导体热电模块			
恒温水浴			
流量计			
温度传感器			
稳压电源			

设备名称	型 号	量 程	备 注
数据采集器			
……			

3. 实 验 参 数

模块参数:模块面积＿＿＿＿＿＿＿＿,模块厚度＿＿＿＿＿＿＿＿

3. 实验数据和曲线

表 11-2 ◇ 温差电动势测试数据

实验次数	热面温度/℃	冷面温度/℃	温差/℃	热电势/V	Seebeck 系数

表 11-3 ◇ 电导率测试数据

实验次数	测试环境温度/℃	电压/V	电流/A	电阻/Ω	电导率/(S·m^{-1})

热物理基础实验 • 热工篇

表 11-4 ◇ 导热系数测试数据

实验次数	热面温度/℃	冷面温度/℃	冷却水流量/(kg·s⁻¹)	冷却水初温/℃	冷却水出口温/℃	导热系数/(W·m⁻¹·K⁻¹)

求得优值系数

$$Z = \frac{\alpha^2 \sigma}{k} = \underline{\hspace{3cm}}$$

表 11-5 ◇ 制冷系数 COP

实验次数	热面温度/℃	电压/V	电流/A	冷面温度/℃	冷却水流量/(kg·s⁻¹)	冷却水初温/℃	冷却水出口温/℃	COP

5. 实 验 心 得

传热学实验

实验十二 \ 非稳态法测材料的导热性能实验

一、实验目的

（1）在恒定热流的条件下，测固体平板中心温度变化，计算导热系数。

（2）掌握准稳态法测试的原理和方法。

（3）掌握使用热电偶测量温差的方法。

二、实验原理

本实验是根据第二类边界条件——无限大平板的导热问题——来设计的。设平板厚度为 2δ，初始温度为 T_0，平板两面受恒定的热流密度 q_c 均匀加热（如图 12-1 所示）。

根据导热微分方程式、初始条件和第二类边界条件，对于任一瞬间沿平板厚度方向的温度分布 $T(x,\tau)$ 可由下列方程解得，即

$$\frac{\partial T(x,\tau)}{\partial \tau} = a\,\frac{\partial^2 T(x,\tau)}{\partial x^2} \tag{12-1}$$

初始条件为

$$T(x,0) = T_0 \tag{12-2}$$

第二类边界条件为

$$\frac{\partial T(\delta,\tau)}{\partial x} + \frac{q_c}{k} = 0 \qquad (12\text{-}3)$$

中心线温度分布为

$$\frac{\partial T(0,\tau)}{\partial x} = 0 \qquad (12\text{-}4)$$

由边界条件和初始条件,得到微分方程的温度解为

$$T(x,\tau) - T_0 = \frac{q_c}{\lambda}\left[\frac{\alpha\tau}{\delta} - \frac{\delta^2 - 3x^2}{6\delta} + \delta\sum_{n=1}^{\infty}(-1)^{n+1}\frac{2}{\mu_n^2}\cos\left(\mu_n\frac{x}{\delta}\right)\exp(-\mu_n^2 Fo)\right]$$
$$(12\text{-}5)$$

式中,τ 为时间;λ 为平板的导热系数;α 为平板的导温系数;T_0 为初始温度;$Fo = \dfrac{\alpha\tau}{\delta^2}$ 为傅里叶准则;$\mu_n = \beta_n\delta$,$n = 1,2,3,\cdots$;q_c 为沿 x 方向从端面向平板加热的恒定热流密度。

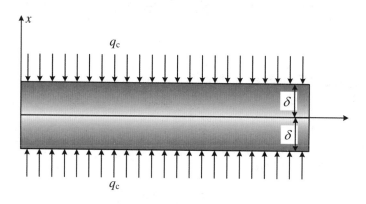

◆ 图 12-1 平板两面受恒定的热流密度均匀加热

随着时间 τ 的延长,傅里叶数 Fo 变大,式(12-5)中级数和项愈小。当 $Fo > 0.5$ 时,级数和项变得很小,可以忽略,式(12-5)变成

$$T(x,\tau) - T_0 = \frac{q_c\delta}{k}\left(\frac{\alpha\tau}{\delta^2} + \frac{x^2}{2\delta^2} - \frac{1}{6}\right) \qquad (12\text{-}6)$$

由此可见,当 $Fo > 0.5$ 后,平板各处温度和时间呈线性关系,温度随时间变化的速率是常数,并且到处相同。这种状态即为准稳态。

在准稳态时,平板中心面 $X = 0$ 处的温度为

$$T(0,\tau) - T_0 = \frac{q_c\delta}{k}\left(\frac{a\tau}{\delta^2} - \frac{1}{6}\right) \qquad (12\text{-}7)$$

平板加热面 $X = \delta$ 处为

$$T(\delta, \tau) - T_0 = \frac{q_c\delta}{k}\left(\frac{a\tau}{\delta^2} + \frac{1}{3}\right) \tag{12-8}$$

此两面的温差为

$$T(\delta, \tau) - T(0, \tau) = \frac{q_c\delta}{2k} \tag{12-9}$$

已知 q_c 和 δ,再测出 ΔT,就可以由式(12-3)求出导热系数

$$k = \frac{q_c\delta}{2\Delta T} \tag{12-10}$$

实际上,无限大平板是无法实现的,实验总是用有限尺寸的试件,一般可认为,试件的横向尺寸为厚度的 6 倍以上时,两侧散热对试件中心的温度影响可以忽略不计。试件两端面中心处的温差就等于无限大平板时两端正的温差。

根据热平衡原理,在准稳态时,有

$$q_c A = c\rho\delta A \frac{\mathrm{d}T}{\mathrm{d}\tau} \tag{12-11}$$

式中,A 为试件的横截面积,c 为试件的比热容,ρ 为试件密度,$\dfrac{\mathrm{d}T}{\mathrm{d}\tau}$ 为准稳态时温升速率。则比热容为

$$c = \frac{q_c}{\rho\delta \dfrac{\mathrm{d}T}{\mathrm{d}\tau}} \tag{12-12}$$

实验时,$\dfrac{\mathrm{d}T}{\mathrm{d}\tau}$ 以试件中心处为准。

按定义,材料的导温系数可表示为

$$a = \frac{k}{\rho c} = \frac{\delta k}{q_c}\left(\frac{\delta T}{\Delta \tau}\right)_c = \frac{\delta^2}{2\Delta t}\left(\frac{\delta T}{\Delta \tau}\right)_c \tag{12-13}$$

综上所述,应用恒热流准稳态平板法测试材料的热物性时,在一个实验上可同时测出材料的三个重要热物性——导热系数、比热容和导温系数。

———— 三、实 验 装 置 ————

实验设备系统图如图 12-2 所示。SEI-3 型准稳态法热物性测定仪内实验本体由四块厚度均为 δ、面积均为 A 的被测试件重叠在一起组成。在第一块与第二块试件之间

夹着一个薄型的片状电加热器,在第三块和第四块试件之间也夹着一个相同的电加热膜,在第二块与第三块试件交界面中心和一个电加热膜中心各安置一对热电偶,在这四块重叠在一起的试件的顶面和底面各加上一块具有良好保温特性的绝热层,然后用机械的方法把它们均匀地压紧。电加热器由直流稳压电源供电,加热功率由计算机检测。两对热电偶所测量到的温度由计算机进行采集处理,并绘出试件中心面和加热面的温度变化曲线。

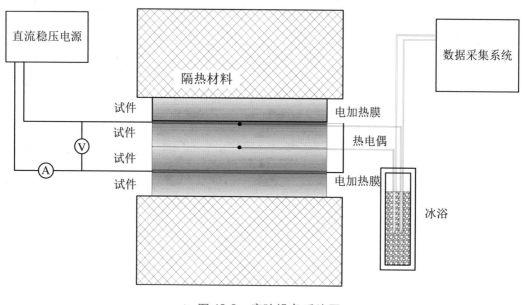

◆ 图 12-2　实验设备系统图

四、实　验　步　骤

　　(1) 用游标卡尺测量试件的厚度(单位:mm),并用天平称其称重(单位:g)。

　　(2) 将试件按实验要求装入 SEI-3 型准稳态法热物性测定仪(以下简称 SEI-3 测定仪)实验本体内。

　　(3) 接通计算机和 SEI-3 测定仪电源。使计算机进入 Windows 操作系统,在计算机桌面上双击 SEI-3 图标,使计算机进入 SEI-3 型准稳态法热物性测定仪的教学实验软件系统。

　　(4) 仔细阅读教学实验软件系统上的实验步骤。点击"我认真阅读了实验步骤"

按钮。

（5）在相应的栏目内按要求输入试件名称、试件厚度、试件重量和预计的试件的导热系数（试件厚度和重量为单块试件的平均厚度和重量）。输入完成后，计算机在相应的栏目内会给出试件容重和实验加热电压。加热器预加电压分串、并联两种。对应 SEI-3 测定仪的功率选择有大（并）、小（串）之分。通常 SEI-3 测定仪的功率选择开关选择在小（串）位置，只有当加热器预加电压（串联）大于 20 V 时，再选择在大（并）的位置。调节 SEI-3 测定仪的电压调节旋钮，使加热电压在加热器预加电压值附近。将实验人员的学号填入"学号"栏目内，点击"加入学号"按钮。实验人员学号输入完成后点击"确认小组学号"按钮，即可进行实验。

（6）点击"测量"按钮并同时打开 SEI-3 测定仪的加热开关，观察加热表面的温度变化过程。当两表面的温差不变时，即温差曲线走平时，表明不稳态导热达到准稳态时的温度场的特征，可点击"结束"按钮，并关闭 SEI-3 测定仪的加热开关。

（7）如果有打印机，可点击"打印"按钮，打印出实验所有数据。没有打印机可点击"保存"按钮，保存所有实验数据。点击"复位"按钮可重新实验，点击"退出"按钮可结束实验。最后将保存的实验数据读出，记录在实验数据表中。

五、试件热流密度q_c的计算

根据实验原理，我们仅研究电加热器对中间两块试件加热时的温度变化就可以了，但为了避免因电加热器向外难以估计的散热给q_c的计算带来困难，所以在两加热器外侧各补上一块相同厚度的试件并加以保温，这样，电加热器将同等地加热其两侧的每块试件，每块试件内的温度场对于电加热器是对称的。

两个同样的电加热器是并联（或串联）供电的。基于以上分析，试件表面实验所吸收的热量应为

$$q_c = \frac{UI}{4A} - \frac{c_h}{2}\left(\frac{\delta t}{\Delta \tau}\right)_h \tag{12-14}$$

式中，U 为加热器的电压（单位：V）；I 为加热器的电流（单位：A）；A 为加热器（即试件）面积（单位：m^2）；加热器单位面积的比热容 $c_h = 0.079 \, J \cdot m^{-2} \cdot K^{-1}$；$\left(\frac{\delta t}{\Delta \tau}\right)_h = \left(\frac{\delta t}{\Delta \tau}\right)_w = \left(\frac{\delta t}{\Delta \tau}\right)_c$ 为加热器（也是试件加热面）的温度变化率。

六、实验报告

1. 实验系统结构及实验流程、实验设备型号及其参数

◆ 图 12-3　实验系统结构图(照片)

表 12-1 ◇ 实验设备参数

设备名称	型　　号	量　　程	备　　注
稳压电源			
热电偶			
数据采集器			
……			

2. 实验材料和参数

样品材料:＿＿＿＿＿＿＿,样品厚度:＿＿＿＿＿＿＿,样品面积:＿＿＿＿＿＿＿

3. 原始数据及数据处理过程

4. 实验结果和实验误差分析

5. 实 验 心 得

实验十三 **圆球法测颗粒状材料的**
表观导热系数实验

一、实 验 目 的

（1）在恒定的电功率下通过测量内、外球体表面温度，计算粉末表观导热系数。

（2）掌握傅里叶定律在不同坐标系下的求解方法。

（3）掌握测低导热系数中热量的测量技术。

二、实 验 原 理

圆球法就是应用沿球壁半径方向一维稳态导热的基本原理，测定颗粒状以及纤维状材料导热系数的实验方法。

在两个同心圆球所组成的夹层中，填入颗粒状或纤维状试件，内球表面温度为 T_1，外球表面温度为 T_2，根据傅里叶定律，当系统处于稳态时，通过夹层的导热量为

$$Q = \frac{T_1 - T_2}{\frac{1}{2\pi k}\left(\frac{1}{d_1} - \frac{1}{d_2}\right)} \tag{13-1}$$

通过上式可推导出在平均温度 $\overline{T} = \dfrac{T_1 + T_2}{2}$ 下的材料的导热系数

$$k(\overline{T}) = \frac{Q(d_2 - d_1)}{2\pi d_1 d_2 (T_1 - T_2)} \tag{13-2}$$

若改变加热量 Q，就可以改变壁面温度使其处于另一种状态 T_1、T_2，这样可以测出在各种不同平均温度 $\overline{T} = \dfrac{T_1 + T_2}{2}$ 下试件的导热系数，因此可以得出一条 $k(\overline{T}) - \overline{T}$ 间的关系曲线。

三、实 验 装 置

实验装置如图 13-1 所示，有两个不锈钢球形水套和一个铜质小球同心构成，铜质小球直径 $d_1 = 60$ mm，中间水套内径 $d_2 = 150$ mm。铜质小球与中间水套之间距离 45 mm 的球形空腔，用于填充待测粉末。铜质球体内置电加热器，由精密直流稳压电源供电，通过调节电压控制加热功率和铜球的温度。小球由支架固定于外球上，固定支架采用低导热材料构造。

为了抑制外球因自然对流而造成表面温度不均匀，外球用保温材料隔热，抑制自然对流。外球外设置一个直径更大的水套。内、外两个不锈钢半球形水套与恒温水浴相连。

使用数据采集系统记录实验数据，包括电流、电压、热电偶温度。

四、实 验 步 骤

（1）将试件粉末烘干。

（2）根据测试仪器内、外球直径算出所需待测粉末的容重。

（3）量取一定容量的待测粉末，从小孔倒入外球内，并轻轻敲击外球壁，使粉末填实。

（4）盖上小孔，外球用保温材料包裹。

（5）检查线路和测试系统。

（6）开启电加热器，设定内球温度为 50 ℃。

（7）恒温水浴温度设定为 45 ℃，以后实验中恒温水浴的温度均低于小球温度 5 ℃左右。

（8）观察内、外球表面的温度变化，直至稳定。

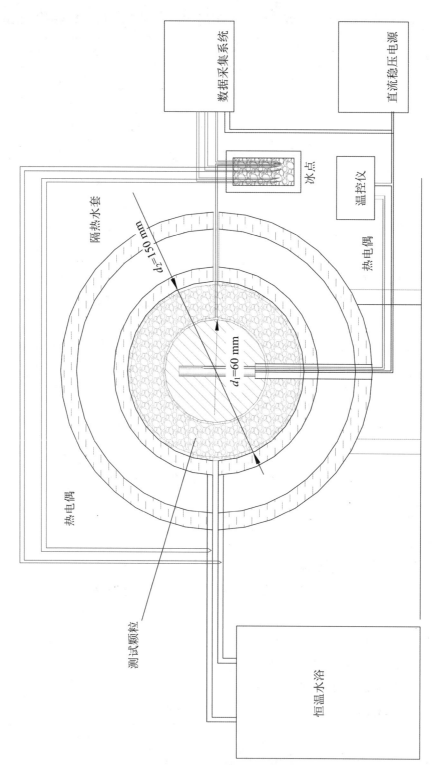

◆ 图 13-1　圆球法测导热系数实验系统示意图

(9) 设定 55 ℃、60 ℃、70 ℃ 等多种不同温度下的导热系数。

(10) 实验结束,关闭测试系统,保存数据。

(11) 关闭电源。

(12) 清理大球内的测试粉末。

五、实验报告

1. 实验系统结构及实验流程、实验设备型号及其参数

◆ 图 13-2 实验系统结构图(照片)

表 13-1 ◇ 实验设备参数

设备名称	型　　　号	量　　　程	备　　　注
直流稳压电源			
恒温水浴			
温控仪			
温度传感器			
数据采集器			
……			

2. 试件及其参数

粉末分子式:＿＿＿＿＿＿,真密度:＿＿＿＿＿＿,表观密度:＿＿＿＿＿＿

3. 原始数据及数据处理过程

表 13-2 ◇ 原 始 数 据

实验次数	加热功率/W	热源温度/℃	冷却水温度/℃	导热系数/$(W \cdot m^{-1} \cdot K^{-1})$

4. 实验结果和实验误差分析

◆ 图 13-3 粉末导热系数与温度的关系曲线

5. 实验心得

实验十四 液体导热系数测定实验

一、实验目的

（1）在恒定热流下测量一定面积的液体冷热面的温度差，计算液体导热系数。

（2）理解傅里叶定律的一维平板热传导方程。

（3）掌握抑制液体自然对流的方法。

二、实验原理

基于平板法测量液体导热系数的实验，是以根据傅里叶定律导出的一维平板热传导方程为依据的，将公式

$$Q = kA\frac{T_h - T_c}{\delta} \tag{14-1}$$

变换得到导热系数公式

$$k = \frac{Q}{A(T_h - T_c)}\delta \tag{14-2}$$

式中，A 为热流 Q 垂直穿过待测液体的面积；T_h、T_c 分别为待测液体的热面温度和冷面温度；δ 为测试液体的厚度。依据式(14-2)测量出相关参数，可计算出液体的导热系数 k。

为了提高热量 Q 的测量精度，通常采用电加热器提供稳定的热流密度，即

$$Q = IU \tag{14-3}$$

为了抑制液体因温差而产生的自然对流,通常采用热面在上、冷面在下的方式,而且二者之间的间距较小,如图 14-1 所示。液体通常都是透明的,冷、热面距离较近,存在辐射换热,为降低辐射换热,采用表面发射率低的抛光铜做冷、热均温面,且采用较小温差。但温差较低,测温相对误差较大。为了降低测量相对误差,冷、热面的温度 T_c 和 T_h 直接用埋于上下两侧均温板内的热电偶堆测量。由于液体层厚度较小,在加热器的四角和中心各布置一个热电偶,共 9 支热电偶,将 9 支热电偶的冷端布置在对应冷面。然后将 9 只热电偶串联放大热电势。

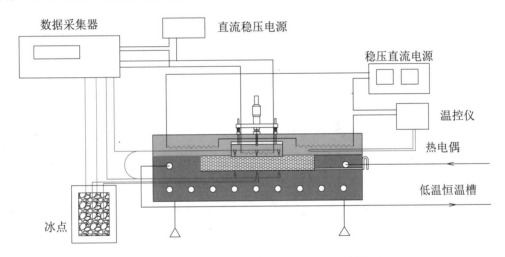

◆ 图 14-1　液体导热系数测量系统示意图

为了保证电加热器的热流全部垂直穿过液体达到冷面,通常在加热板上面覆盖用导热系数低的材料做成的隔热层。但隔热层仍然存在一定的热损。为了降低热损,在加热器上面设置一个等温罩补偿热损,这样加热器上面类似于绝热面,能有效阻止散热损失。

采用旋转微分头来上下垂直移动加热板,即液体热面,用千分表测加热器的移动距离,间接测量液体厚度。

采用聚乙烯发泡棉做保温材料,1 mm 不锈钢面板做外壳,底部用 4 个可调螺丝作支架。水浴换热器和恒温罩与合叶相连,结构牢固。恒温罩尺寸为 200 mm×200 mm×

60 mm。

用 50 mm×50 mm×20 mm 的铜块作加热端,内置两只 24 V、12 mm×6 mm 的零电加热棒,功率为 100 W。用 0～30 V 可调稳压直流电源供电。用智能温控仪表 AI-208作温控器来控制加热快的温度。9 对 T 型热电偶串联。用 200 mm×200 mm×60 mm 铜块作水冷换热器,与低温恒温槽相连。样品池位于水冷换热器的铜块上部,100 mm×100 mm×30 mm。微分头可调杆长 50 mm,千分表精度为 0.001 mm。用 Keysight34972A 数据采集/数据记录仪开关单元记录数据。

四、实验步骤

（1）准备一定量的待测液体。

（2）用无水酒精清洗储液池和冷、热均温板。

（3）按图 14-1 检查测试系统和控制系统是否完善。

（4）开启恒温水浴,设定温度 T_c 做冷面温度。

（5）调节底座螺钉,将储液池调水平。

（6）注入适量的待测液体于储液池。

（7）合上加热板,并将加热板调至储液池底部与冷板接触,使冷、热板等温。

（8）开启测试系统,检查各点的数值是否正常,如有错误读数,检查并排除故障。

（9）在加热前测试热电堆和冷、热板温度的读数,消除基础误差。

（10）旋转微分头,上移加热板,测 1 mm 厚液体。

（11）开启直流稳压电源,设定热板温度 $T_h \leqslant T_c + 5$ K。

（12）查看测试数据,直到热板温度稳定,记录实验数据。

（13）旋转微分头,上移加热板,测 2～10 mm 不同厚度的液体的数值。

（14）调节恒温水浴温度,设定不同冷板温度,测不同温度下的液体导热系数。

（15）测试结束,关闭数据采集系统,保存数据。

（16）关闭电源。

（17）打开测试储液池,排空剩余液体,并用酒精清洗,自然晾干。

五、实验报告

1. 实验系统结构及实验流程、实验设备型号及其参数

◆ 图 14-2　实验系统结构图（照片）

表 14-1 ◇ 实验设备参数

设备名称	型　　号	量　　程	备　　注
直流稳压电源			
恒温水浴			
温控器			
温度传感器			
数据采集器			
……			

2. 待测液体

待测液体名称:_____,液体密度_____

测试池面积:_____

3. 原始数据及数据处理过程

表 14-2 ◇ 实 验 数 据

实验次数	液体厚度/mm	加热功率/W	热面温度/℃	冷面温度/℃	导热系数/(W·m⁻¹·K⁻¹)

4. 实验结果和实验误差分析

_____

_____

_____

_____

5. 实验心得

_____

_____

_____

_____

实验十五 \ 伸展体的强迫对流传热特性实验

一、实验目的

（1）测试圆柱体不同位置的温度，验证伸展体的对流换热特性。

（2）利用导热微分方程求解伸展体的温度分布。

（3）掌握圆柱体表面温度测量技术。

二、实验原理

具有对流换热的等截面伸展体，当长度与横截面之比很大时，其导热微分方程式为

$$\frac{\mathrm{d}^2\theta}{\mathrm{d}x^2} - m^2\theta = 0 \tag{15-1}$$

式中，$m = \sqrt{\dfrac{hU}{\lambda A}}$，$h$ 为空气对壁面的换热系数，伸展体横截面积 $A = \dfrac{\pi}{4}(d_0^2 - d_1^2)$；过余温度 $\theta = T - T_f$，T 为伸展体温度，T_f 为伸展体周围介质的温度；伸展体周长 $P = \pi d_0$。伸展体内的温度分布规律，由边界条件和 m 值确定。

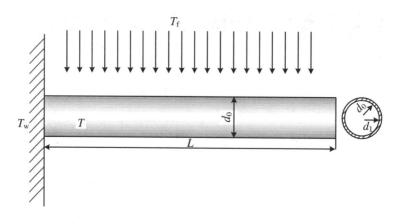

◆ 图 15-1　伸展体的强迫对流换热示意图

导热微分方程的通解为

$$\theta = c_1 e^{mx} + c_2 e^{-mx} \tag{15-2}$$

设边界条件为

$$X = 0, \quad \theta = \theta_1; \quad X = L, \quad \theta = \theta_2 \tag{15-3}$$

得到伸展体上的温度分布

$$\theta = \frac{1}{\sinh(mL)} \{ \theta_1 \sinh[m(L-x)] + \theta_2 \sinh(mx) \} \tag{15-4}$$

求导,得到温度变化梯度

$$\frac{\mathrm{d}\theta}{\mathrm{d}x} = \frac{m}{\sinh(mL)} \{ \theta_2 \cosh(mx) - \theta_1 \cosh[m(L-x)] \} \tag{15-5}$$

两端点的温度变化梯度

$$\left. \frac{\mathrm{d}\theta}{\mathrm{d}x} \right|_{x=0} = \frac{m}{\sinh(mL)} [\theta_2 - \theta_1 \cosh(mL)] \tag{15-6}$$

$$\left. \frac{\mathrm{d}\theta}{\mathrm{d}x} \right|_{x=L} = \frac{m}{\sinh(mL)} [\theta_2 \cosh(mL) - \theta_1] \tag{15-7}$$

伸展体上过余温度最低点的位置

$$\frac{\mathrm{d}\theta}{\mathrm{d}x} = 0, \quad X_{\min} = \frac{1}{m} \operatorname{arctanh} \left[\frac{\cosh(mL) - \dfrac{\theta_2}{\theta_1}}{\sinh(mL)} \right] \tag{15-8}$$

两端的导热量

$$Q_1 = -kA \left. \frac{\mathrm{d}\theta}{\mathrm{d}x} \right|_{x=0} = -kA \frac{m}{\sinh(mL)} [\theta_2 - \theta_1 \cosh(mL)] \tag{15-9}$$

$$Q_2 = -kA \left. \frac{\mathrm{d}\theta}{\mathrm{d}x} \right|_{x=L} = -kA \frac{m}{\sinh(mL)} [\theta_2 \cosh(mL) - \theta_1] \tag{15-10}$$

═══ 三、实 验 装 置 ═══

本实验装置由风道、风机、试验元件、电加热器、测温热电偶等组成。实验装置系统如图 15-2 所示。试件是一根紫铜管,放置于风道中,空气横向流过管子表面。假设管子表面各处的换热系数相同。管子两端装有加热器,以维持两端处于所要求的边界温度条件。这样就构成了一个两端处于某温度的、中间具有对流换热条件的等截面伸展体。

管子两端的加热器,用的是直流稳压电源加热,通过温控器控制温度。

为了改变空气对管壁的换热系数,风机的工作电压亦可相应地作调整,以改变空气流过管子表面时的速度。

为了测量紫铜管沿管长的温度分布,沿管程均匀布置铜-康铜热电偶。

表 15-1 ◇ 试件的基本参数

名称	管子外径/mm	管子内径/mm	管子长度/mm	管子导热系数 /(W·m^{-1}·K^{-1})
数值	12.5	11	200	398

═══ 四、实 验 步 骤 ═══

(1) 按图 15-2 检查实验系统。

(2) 开启测试系统,检测各点读数是否正常。

(3) 开启风机,调节阀门,将风量调在 20 L·min^{-1} 左右。

(4) 开启金属棒两端加热器,并设定不同的温度,如分别设为 50 ℃ 和 60 ℃。

(5) 稳定后,记录金属棒沿程的温度分布。

(6) 重新设定两端加热器的温度,记录金属棒的温度分布。

(7) 调节风速,重复以上步骤。

(8) 实验结束,保存数据,关闭测试系统。

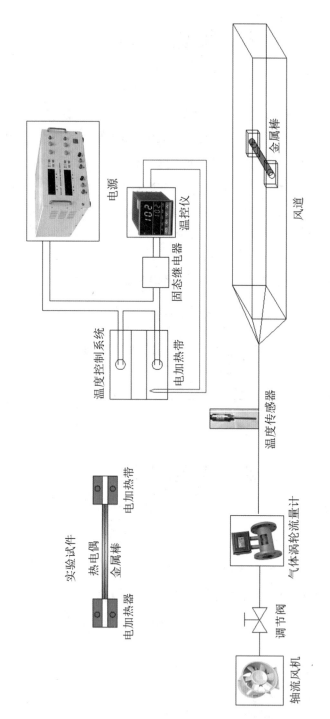

◆ 图 15-2　伸展体传热特性试验装置及测量系统简图

(9) 关闭两端的电加热器。

(10) 10 min 后关闭风机。

(11) 关闭电源,整理实验系统。

五、实验报告

1. 实验系统结构及实验流程、实验设备型号及其参数

◆ 图 15-3 实验系统结构图(照片)

表 15-2 ◇ 实验设备参数

设备名称	型　号	量　程	备　注
风机			
流量计			
直流稳压电源			
温控仪			
温度传感器			
固态继电器			
数据采集器			
……			

2. 实验条件和参数设置

矩形风道材质：＿＿＿＿＿＿＿，高度：＿＿＿＿＿＿＿＿，宽度：＿＿＿＿＿＿＿＿

实验试件材质：＿＿＿＿＿＿，长度：＿＿＿＿＿＿＿，直径：＿＿＿＿＿＿＿＿

电加热功率：＿＿＿＿＿＿＿＿＿

环境温度：＿＿＿＿＿＿＿＿＿＿＿＿＿＿＿＿＿＿＿＿＿＿＿＿＿＿＿＿＿＿

测试温度：＿＿＿＿＿＿＿＿＿＿＿＿＿＿＿＿＿＿＿＿＿＿＿＿＿＿＿＿＿＿

3. 原始数据及数据处理过程

表 15-3 ◇ 测 试 数 据

实验次数	风量/(L·min⁻¹)	风速/(m·s⁻¹)	加热功率/W	沿程温度分布									
				端点	1	2	3	4	5	6	7	8	端点

4. 实验结果和实验误差分析

◆ 图 15-4 沿程温度分布曲线

5. 实验心得

实验十六 \ 管束换热性能和流动阻力实验

一、实验目的

（1）测量受限空间内管束前后流体的温度和压力的变化，计算翅片管束换热能力和流动阻力。

（2）掌握光管管壁传热、翅片传热以及管束换热原理，理解无量纲参数。

（3）掌握管道流量和流动阻力的测量和控制技术。

二、实验原理

翅片管（如图 16-1 所示）是换热器中常用的一种传热元件，由于扩展了管外传热面积，故可大大减小光管的传热热阻，特别适用于气体侧换热。

空气（气体）横向流过翅片管束时，对流放热系数除了与空气流速及物性有关外，还与翅片管束的一系列几何因素有关，其无因次函数关系可表示如下：

$$Nu = f\left(Re, Pr, \frac{H}{D_0}, \frac{\delta}{D_0}, \frac{B}{D_0}, \frac{P_t}{D_0}, \frac{P_1}{D_0}, N\right) \tag{16-1}$$

式中，努赛特（Nusselt）数 $Nu = \dfrac{hD_0}{k}$，雷诺（Reynolds）数 $Re = \dfrac{D_0 U_m}{\upsilon}$，普朗特（Prandtl）数 $Pr = \dfrac{Cp\mu}{k}$；H、δ、B 分别为翅片高度、厚度和翅片间距；P_t、P_1 为翅片管的横向管间距和纵

向管间距；N 为流动方向的管排数；D_0 为光管外径，U_m（单位：$m \cdot s^{-1}$）、G_m（单位：$kg \cdot m^{-2} \cdot s^{-1}$）为最窄流通截面处的空气流速和质量流速，且 $G_m = \rho U_m$。

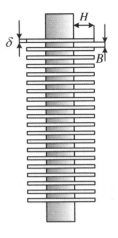

此外，放热系数还与管束的排列方式有关。管束有两种排列方式：顺排和叉排。由于在叉排管束中流体的紊流度较大，故其管外放热系数会高于顺排的情况。

对于特定的翅片管束，其几何因素都是固定不变的，这时，式(16-1)可简化为

$$Nu = f(Re, Pr) \qquad (16\text{-}2)$$

对于空气，Pr 可看作常数，故

$$Nu = f(Re) \qquad (16\text{-}3)$$

式(16-3)可表示成指数方程的形式

◆ 图 16-1 翅片管
结构示意图

$$Nu = CRe^n \qquad (16\text{-}4)$$

式中，C、n 为实验关联式的系数和指数。这一形式的公式只适用于特定几何条件下的管束。为了在实验公式中能反映翅片管和翅片管束所受几何变量的影响，需要分别改变几何参数进行实验并对实验数据进行综合整理。

对于翅片管，管外放热系数可以有不同的定义公式，可以用光管外表面积为基准定义放热系数，也可以用翅片管外表面积为基准定义。为了研究方便，此处采用光管外表面积作为基准，即

$$h = \frac{Q}{n\pi D_0 L(T_{wo} - T_a)} \qquad (16\text{-}5)$$

式中，Q 为总放热量，n 为放热管子的根数，T_a 为空气平均温度（单位：℃），T_{wo} 为光管外壁温度（单位：℃）。

三、实 验 装 置

实验的翅片管束安装在一台低速风洞中，实验装置和测试仪表如图 16-2 所示。实验系统由矩形风道、加热管件、风机、支架、测试仪表等五部分组成。

风洞由带整流格栅的入口段、整流丝网、平稳段、前测量段、工作段、后测量段、收缩段、测速段、扩压段组成。工作段和前后测量段的内部横截面积为 300 mm×300 mm。

工作段的管束及固定管板可自由更换。

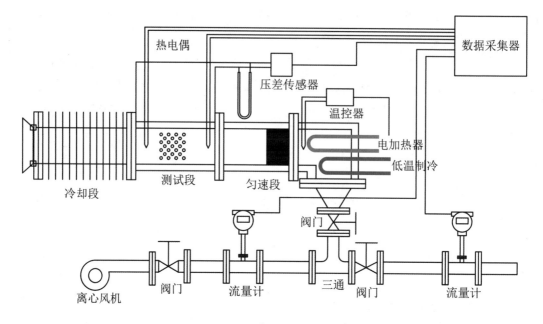

◆ 图 16-2　实验风洞系统简图

试验管件为带翅片的电加热管,采用顺排排列,翅片管束的几何参数如表 16-1 所示。

表 16-1 ◇ 翅片管束参数

参数	翅片管内径 D_i/mm	翅片管外径 D_o/mm	翅片高度 H/mm	翅片厚度 δ/mm	翅片间距 B/mm	横向管间距 P_t/mm	纵向管间距 P_l/mm	管排数 N/个
数值	20	26	13	1	4	75	83	7

实验加热管的加热段由专门的电加热器进行加热,电加热器的电功率由电流表、电压表进行测量。翅片管电加热管内置一支热电偶,用于控温。

四、实验步骤

(1) 设计测试内容,选择实验模块、加热管的排列方式。

(2) 按图 16-2 检查实验系统连接是否牢固,安装实验模块,检查电线连接是否正确。

　　（3）接通电源，启动数据采集系统，检查各传感器输出数据是否正常。

　　（4）开启风机，检查管道密封情况。

　　（5）调节阀门，设定流速。

　　（6）开启电加热器，设定翅片管的温度。

　　（7）设定不同流速和不同加热温度，测试多种实验状态。

　　（8）更换实验模块，重复以上步骤。

　　（9）实验结束，停止数据采集系统，保存数据。

　　（10）关闭电加热器，待温度降到 50 ℃ 以下时，关风机。

五、实 验 报 告

1. 实验系统结构及实验流程、实验设备型号及其参数

　　图 16-3　实验系统结构图（照片）

表 16-2 ◇ 实验设备参数

设备名称	型　号	量　程	备　注
风机			
流量计			

设备名称	型　号	量　程	备　注
直流稳压电源			
压差传感器			
加热器			
制冷机			
温控仪			
温度传感器			
固态继电器			
……			

2. 实验条件和参数设置

风道高度：＿＿＿＿＿＿＿＿＿，宽度：＿＿＿＿＿＿＿＿＿

换热管直径：＿＿＿＿＿＿＿＿＿，长度：＿＿＿＿＿＿＿＿＿

管束排列方式：＿＿＿＿＿＿＿＿＿

3. 原始数据及数据处理过程

表 16-3 ◇ 实 验 数 据

实验次数	来流温度 /℃	来流速度 /(m·s^{-1})	管束温度 /℃	加热功率 /W	流动压差 /Pa	管束换热系数 /(W·m^{-2}·K^{-1})

4. 实验结果和实验误差分析

5. 实验心得

实验十七 流体纵掠平板局部换热系数的测定

一、实验目的

（1）在强制对流的情况下，测量高温平板和附近气流的温度，计算局部换热系数。

（2）理解相似定律和局部牛顿冷却换热理论。

（3）掌握空间定点温度的测量技巧。

二、实验原理

根据相似分析，流体（空气）纵掠平板受迫运动的换热过程，可以用下面的准则函数描述：

$$Nu = f(Re, Pr) \tag{17-1}$$

空气的普朗特数 Pr 可视作常数，所以式（17-1）可简化为 $Nu = f(Re)$。

根据相似定律，在实验中应测定准则函数中包含的所有物理量。局部努赛特数 Nu_x 与雷诺数 Re_x 为

$$Nu_x = \frac{h_x \cdot x}{k} \tag{17-2}$$

$$Re_x = \frac{v \cdot x}{\upsilon} \tag{17-3}$$

式中,x 为离平板前缘的距离;k 为空气的导热系数(单位:$\mathrm{W \cdot m^{-1} \cdot K^{-1}}$);$\upsilon$ 为空气的运动黏性系数(单位:$\mathrm{m^2 \cdot s^{-1}}$);空气热物性可通过查表或相关文献获得。

局部对流换热系数可根据牛顿冷却定理获得

$$h_x = \frac{q}{T_x - T_f} \tag{17-4}$$

本实验采用的试件是一平板,固定在风道内。平板由一块很薄的不锈钢片和胶木板制成,不锈钢片包在胶木板外面,以获得单面绝热边界条件。利用电流流过金属片对平板加热,通常认为金属片表面具有恒定的热流密度。只要测定流过金属片的电流和电压,即可准确地确定表面的热流密度 q。当空气纵向流过平板时,测定离前缘不同位置处的壁温 T_x 和电加热功率,即可确定沿板片长度方向局部换热系数 h_x 的变化。

在恒定热流密度条件下,由于壁温沿流程的变化,沿板长局部换热系数必然改变,因此必然存在纵向导热,由于壁面温度不同,向外界辐射散热也不同。如果考虑纵向导热和辐射换热的影响,那么,在稳态情况下的热平衡方程为

$$Q_g + Q_{cdin} = Q_{cdout} + Q_{cv} + Q_R \tag{17-5}$$

式中,Q_g 为电流流过平板的发热量且 $Q_g = IU$,Q_{cdin} 为侧面导入的热量,Q_{cdout} 为侧面导出的热量,Q_{cv} 为对流传给空气的热量,Q_R 为辐射散失的热量。

由于采用很薄的不锈钢片,减少了纵向导热的影响,又因工作温度不高,所以向侧面导热和外界辐射换热也可忽略不计,电功率均匀分布在整个平板表面,所以上式可简化为

$$Q_g = Q_{cv} \tag{17-6}$$

直接按下式算出局部换热系数,即

$$h_x = \frac{Q_g}{lb(T_x - T_f)} = \frac{IU}{lb(T_x - T_f)} \tag{17-7}$$

用来流温度与壁面温度的平均值作为定性温度,即 $\dfrac{\overline{X} + T_f}{2}$,则平均壁温 $\overline{T} = \dfrac{T_{max} + T_{min}}{2}$。

三、实 验 装 置
=====

测试平板安装在矩形实验风道内的测试平台上,平板内埋有 22 对热电偶,沿轴线不

均匀排列,具体见图 17-1 和表 17-1。不锈钢片的两端经导线与直流稳压电源连接。图 17-2 为实验测试系统装置示意图。

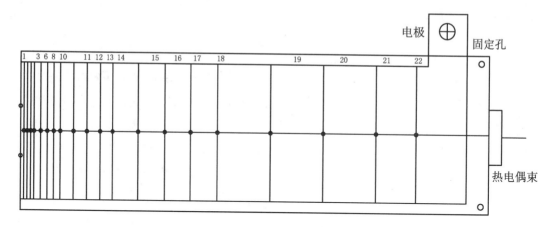

◆ 图 17-1　平板内热电偶布置图

表 17-1 ◇ 热电偶布置位置

热电偶编号	1	2	3	4	5	6	7	8	9	10	11
离板前缘距离 x/mm	0	0	2.5	5	7.5	10	15	20	25	30	40
热电偶编号	12	13	14	15	16	17	18	19	20	21	22
离板前缘距离 x/mm	50	60	70	90	110	130	150	190	230	270	300

用硅整流器直接对平板上的不锈钢片通电加热。平板壁面温度和来流温度用热电偶测量,用毕托管测气流动压算出来流速度,毕托管与精密压力传感器相连。测温探头和测压探头平行固定在可位移的机构上,用千分表测移动机构的移动位移,移动机构由步进电机驱动。

测量探头触及板表面处开始,其初始位置由指示灯来确定。再将千分表转至零位,每移动 0.2 mm 或 0.5 mm 测量一次,通过压力传感器读出全压探头测得的空气动压。

基本参数如下:

平板板长 $L = 355$ mm,平板板宽 $B = 90$ mm,不锈钢片厚度 $\delta = 0.1$ mm,不锈钢片宽度 $b = 65$ mm,不锈钢片总长 $l = 680$ mm,不锈钢片导热系数 $k = 15$ W·m^{-1}·K^{-1},不锈钢片表面黑度 $\varepsilon = 0.2$。

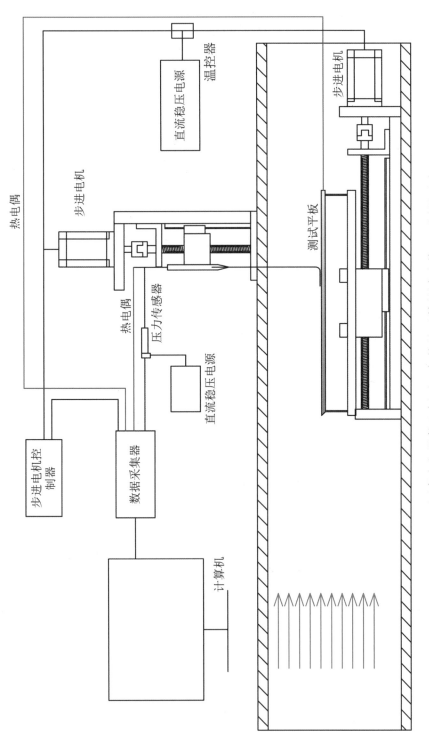

◆ 图 17-2 测定空气纵掠平板时局部换热系数的试验装置及测量系统

空气掠过平板的速度用 u 表示,用毕托管测得空气的流动压用 Δh 表示,由精密压力传感器获得,毕托管校正系数用 c 表示,可按下式计算平板的速度,即

$$u = c\sqrt{\frac{2g}{\rho}\Delta h} \tag{17-8}$$

式中,ρ 为空气密度。

======== 四、实验步骤 ========

(1) 按图 17-2 检查并安装实验系统组件和连接线路。

(2) 检查硅整流器接地线、电源输入和输出是否正常,特别是输出电源线和接头。因为电流大,严禁线路相互缠绕和堆积,严禁接头松动。

(3) 检查通风系统电源,保证风机风道平稳;启动风机,检查风机是否正常工作。

(4) 启动测试系统,巡检各测试点的传感器输出的数据是否正常。

(5) 启动垂直步进电机,向上移动温度和压力探头,以便安装测试平板。

(6) 将测试平板固定在风道的测试平台上。

(7) 向下移动温度和压力探头至测试平板附近 5 mm。

(8) 启动水平步进电机,将测试平板迎风端移至温度探头正下方。

(9) 将硅整流器电源电压调节旋钮转至零位,然后打开调节风门。

(10) 接通电源,设定不锈钢片的温度为 50 ℃。

(11) 待工况稳定后开始测量,水平逆风缓慢移动测试平板,直至温度探头到达平板尾部;从数据采集系统中查看各点热电偶的温度。

(12) 调节不锈钢片的温度为 60 ℃、70 ℃、80 ℃、90 ℃、100 ℃等不同情况下的温度分布。

五、实 验 报 告

1. 实验系统结构及实验流程、实验设备型号及其参数

◆ 图 17-3　实验系统结构图(照片)

表 17-2 ◇ 实验设备参数

设备名称	型　　号	量　　程	备　　注
步进电机			
压力传感器			
热电偶			
风机			
流量计			
直流电源			
数据采集器			
………			

2. 实验条件和参数设置

测试平板宽度：_____,长度：_____

3. 原始数据及数据处理过程

表 17-3 ◇ 实 验 数 据

实验次数	来流温度/℃	测试表面温度/℃	加热功率/W	表面平均换热系数 /(W·m⁻²·K⁻¹)

4. 实验结果和实验误差分析

◆ 图 17-4　测试样品表面沿程温度变化曲线

5. 实 验 心 得

实验十八 \ 测量平板流动边界层和热边界层的实验

—— 一、实 验 目 的 ——

（1）测量沿加热平板垂直方向来流的温度和压力的分布。

（2）理解边界层理论。

（3）掌握较大梯度的温度和压力的测量技巧。

—— 二、实 验 原 理 ——

对于水和空气等黏性系数很小的流体，在大雷诺数下绕物体流动时，如图 18-1 所示黏性对流动的影响仅限于紧贴物体壁面的薄层中，而在这一薄层外的黏性对其影响则很小，完全可以忽略不计。普朗特把这薄层称为边界层，或称附面层。

边界层内速度的法向梯度很大，即使流体黏度不大，如空气、水等，黏性力相对于惯性力仍然很大，起着明显的作用，因而流动属黏性流动。而在边界层外，速度梯度很小，黏性力可以忽略，流动可视为无黏或理想流动。

边界层的特征如下：

（1）与物体的特征长度相比，边界层的厚度很小。

（2）边界层内沿厚度方向，存在很大的速度梯度。

（3）边界层厚度沿流体流动方向是增加的，由于边界层内流体质点受到黏性力的作用，流动速度降低，所以要达到外部势流速度，边界层厚度必然逐渐增加。

（4）由于边界层很薄，可以近似认为边界层中各截面上的压强等于同一截面上边界层外边界上的压强值。

（5）在边界层内，黏性力与惯性力为同一数量级。

（6）边界层内的流态，也有层流和紊流两种流态。

由于黏性与热传导紧密相关，高速流动中除速度边界层外，还有温度边界层。

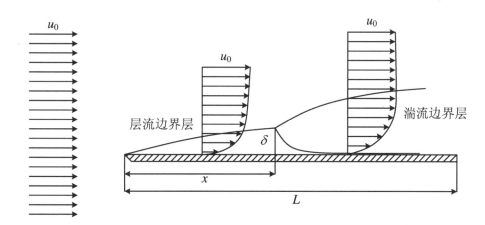

◆ 图 18-1　边界层原理示意图

流动边界层厚度 δ 可按下式确定：

$$u = 0.99u_0 \tag{18-1}$$

温度边界层厚度按 $T = 0.99T_0$ 确定。

三、实验装置

实验系统同实验十七。

将实验测得的边界层的速度分布和温度分布的原始数据填在表内，算出结果，并绘制出空气纵掠平板时流动边界层的速度分布和空气纵掠平板时热边界层内的温度分布曲线。

四、实 验 步 骤

（1）按图18-2检查并安装实验系统组件和连接线路。

（2）检查硅整流器接地线、电源输入和输出是否正常,特别是输出电源线和接头。因为电流大,严禁线路相互缠绕和堆积,严禁接头松动。

（3）检查通风系统电源,保证风机风道平稳;启动风机,检查风机是否正常工作。

（4）启动测试系统,巡检各测试点的传感器输出的数据是否正常。

（5）将测试平板固定在风道的测试平台上。

（6）将硅整流器电源电压调节旋钮转至零位,然后打开调节风门。

（7）接通电源,设定不锈钢片的温度为50 ℃。

（8）待工况稳定后开始测量,从数据采集系统中查看各点热电偶的温度。

（9）调节不锈钢片的温度为60 ℃、70 ℃、80 ℃、90 ℃、100 ℃等不同情况下的温度分布。绘制出h_x-x、Nu_x-Re_x关系曲线。分析沿平板对流换热的变化规律。

五、实 验 报 告

1. 实验系统结构及实验流程、实验设备型号及其参数

◆ 图18-3　实验系统结构图(照片)

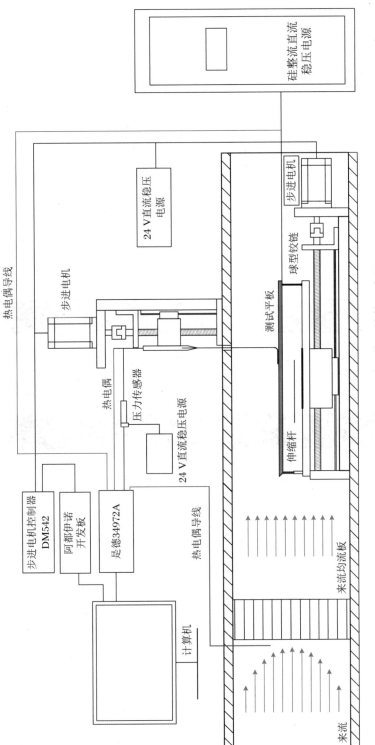

◆ 图 18-2 边界层测量装置结构示意图

表 18-1 ◇ 实验设备参数

设备名称	型 号	量 程	备 注
步进电机			
压力传感器			
热电偶			
风机			
流量计			
直流电源			
数据采集器			
……			

2. 实验条件和参数设置

测试平板宽度：＿＿＿＿＿＿＿＿＿＿＿＿,长度：＿＿＿＿＿＿＿＿＿＿＿＿

3. 原始数据及数据处理过程

表 18-2 ◇ 速度边界层测试数据

实验次数	测试距离/m	测试高度/m	速度/(m·s⁻¹)	测试距离/m	测试高度/m	速度/(m·s⁻¹)	测试距离/m	测试高度/m	速度/(m·s⁻¹)

表 18-3 ◇ 温度边界层测试数据

实验次数	测试距离/m	测试高度/m	温度/℃	测试距离/m	测试高度/m	温度/℃	测试距离/m	测试高度/m	温度/℃

4. 实验结果和实验误差分析

◆ 图 18-4　速度和温度边界层测试曲线图

5. 实 验 心 得

实验十九 \ 池内沸腾放热实验

═══ 一、实验目的 ═══

（1）测量沸腾表面的温度与水的饱和温度及加热功率，确定池内沸腾换热曲线。

（2）理解池内沸腾换热过程表面气液相变对换热的影响。

（3）掌握沸腾表面的测温技术和大电流低电压稳压源的使用方法。

═══ 二、实验原理 ═══

1. 沸腾的定义

沸腾指液体吸热后在其内部产生气泡的汽化过程。

2. 沸腾的特点

（1）液体汽化吸收大量的汽化潜热。

（2）气泡形成和脱离时带走热量，使加热表面不断受到冷流体的冲刷和强烈的扰动，所以沸腾换热强度远大于无相变的换热。

3. 沸腾的分类

（1）沸腾可分为大容器沸腾和管内沸腾。

① 大容器沸腾。

定义:加热壁面沉浸在具有自由表面的液体中所发生的沸腾称为大容器沸腾。

特点:气泡能自由浮升穿过液体自由面进入容器空间。

② 管内沸腾。

定义:液体在压差作用下,在管内流动过程中发生于管壁上的沸腾。

特点:液体流动需要外加的压差才能维持。

(2)大容器沸腾和管内沸腾又分别分为热饱沸腾和过冷沸腾。

① 饱和沸腾。

定义:液体主体温度达到饱和温度、壁面温度高于饱和温度所发生的沸腾称为饱和沸腾。

特点 : 随着壁面过热度的增高,出现四个换热规律全然不同的区域。

② 过冷沸腾。

定义:液体主体温度低于相应压力下的饱和温度、壁面温度大于该饱和温度所发生的沸腾换热,称过冷沸腾。

特点:沸腾表面产生的气泡会在过冷区湮灭。

4. 沸腾换热

沸腾换热也是对流换热的一种,因此,在这种情况下牛顿冷却公式仍然适用,即对于沸腾换热的表面传热系数的计算公式为

$$q = h(T_w - T_s) = h\Delta T \tag{19-1}$$

影响核态沸腾的因素主要是壁面过热度和汽化核心数,而汽化核心数受到壁面材料及其表面状况、压力、物性等参数的支配,由于因素比较复杂,文献中提出的沸腾传热的计算式差别较大。

罗森诺认为,核态沸腾传热之所以强烈,主要是由于气泡的产生与脱离造成强烈的扰动之故,基于这样的思想,通过大量实验得出了如下实验关联式:

$$\frac{c_{pl}\Delta T}{h_{fg}} = C_{wl}\left[\frac{q}{\mu_1 h_{fg}}\sqrt{\frac{\sigma}{g(\rho_1 - \rho_v)}}\right]^{0.33} Pr_l^s \tag{19-2}$$

式中,c_{pl} 为饱和液体的定压比热容;Δt 为壁面过热度;h_{fg} 为汽化潜热;C_{wl} 为常数,取决于加热表面-液体情况;q 为沸腾热流密度;μ_1 为饱和液体的动力黏度;γ 为液体-蒸汽界面的表面张力;ρ_1、ρ 为饱和液体、饱和蒸汽的密度;s 为经验指数,水的 $s=1$,其他液体的 $s=1.7$。

系数 C_{wl} 的取值,是一个纯经验参数,取决于固体表面的性质以及沸腾液体的性质,由实验确定。

表 19-1 ◇ 各种表面-液体组合情况的 C_{wl} 值

表面-液体组合情况	C_{wl}
水-铜	
烧焦的铜	0.0068
抛光的铜	0.0130
水-黄铜	0.0060
水-铂	0.0130
水-不锈钢	
磨光并抛光的不锈钢	0.0060
化学腐蚀的不锈钢	0.0130
机械抛光的不锈钢	0.0130
苯-铬	0.101
乙醇-铬	0.0027

尽管有时由上述计算公式得到的 q 与实验值的偏差高达 ±100%，但已知 q 计算 ΔT，则可以将偏差缩小到 ±33%。这一点在辐射换热中更为明显，进行计算时必须谨慎处理热流密度。

对于大容器沸腾的临界热流密度的计算，推荐采用如下半经验公式：

$$q_{max} = \frac{\pi}{24} h_{fg} \rho_v \left[\frac{g\sigma(\rho_1 - \rho_v)}{\rho_v^2} \right]^{1/4} \left(\frac{\rho_1 + \rho_v}{\rho_v^2} \right)^{1/2} \qquad (19\text{-}3)$$

当压力离临界压力较远时，上述右端最后一项取为 1，同时将流量分析得出的系数 0.131 用实验值 0.149 代替，得到以下推荐公式：

$$q_{max} = 0.149 h_{fg} \rho_v^{1/2} \left[g\gamma(\rho_1 - \rho_v) \right]^{1/4} \qquad (19\text{-}4)$$

物性均按照饱和温度查取，无特征长度。当加热面的特征长度大于 3 倍气泡直径时，即可适用。

对横管的膜态沸腾有

$$h = 0.62 \left[\frac{g h_{fg} \rho_v (\rho_1 - \rho_v) \lambda_v^3}{\mu_v d (T_w - T_s)} \right]^{1/4} \qquad (19\text{-}5)$$

式中，除了 h_{fg} 和 ρ_1 的值由饱和温度 T_s 决定外，其余物性均以平均温度 $T_m = \frac{T_w + T_s}{2}$ 为定性温度，特征长度为管子外径 d。如果加热表面为球面，则上式中的系数 0.62 改为 0.67。

5. 管子外表面温度 T_2 的计算

试件为圆管时，若将其看作有内热源的长圆管，则其管外表面为对流放热条件，管

内壁面绝热时,根据管壁温度可以计算外壁温度:

$$T_2 = T_1 - \frac{Q}{4\pi kL}\left(1 - \frac{2r_1^2}{r_2^2 - r_1^2}\ln\frac{r_2}{r_1}\right) \tag{19-6}$$

式中,k 为不锈钢管导热系数,$k = 16.3(\mathrm{W \cdot m^{-1} \cdot K^{-1}})$;$Q$ 为工作段 ab 间的发热量;L 为工作段 ab 间的长度(单位:m)。

三、实验装置

图 19-1 为实验设备的本体,沸腾表面为不锈钢圆管管壁。不锈钢管放在盛有蒸馏水的玻璃容器中,两端厚不锈钢管电极用软铜编织带与低压直流电源电极相连。低压直流电源可提供高达 100 A 的大电流。在饱和温度下,调节电极管的电压,可改变管子表面的热密度,能观察到气泡的形成、扩大、跃离过程,以及泡状核心随着管子热密度提高而增加的现象。

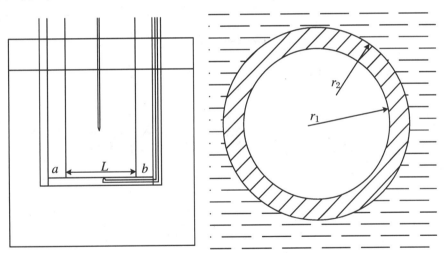

◆ 图 19-1　大容器内水沸腾放热试件本体

为使蒸馏水处于饱和温度,实验用辅助电热器将水加热到沸腾,并保持饱和状态,即可进行实验。

四、实 验 步 骤

1. 准备与启动

(1) 按图19-2将实验装置线路接好。软铜编织带与不锈钢电极连接要紧密牢固，以降低接触热阻，在大电流状态下，接点处电阻大，易发热。硅整流器接通电源前，需将电压和电流旋钮调至零点，以免接通电源瞬间大电流引起实验室空气开关跳闸。

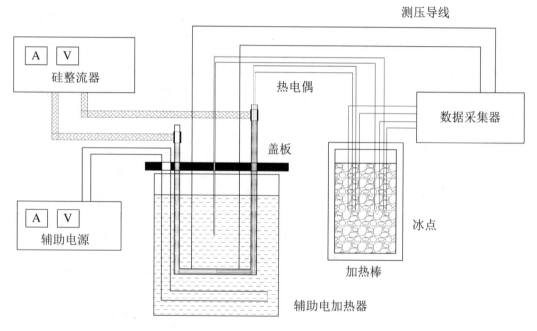

◆ 图19-2　大容器内水沸腾放热实验装置简图

(2) 玻璃容器内充满蒸馏水至4/5高度。

(3) 接通辅助电热器，将蒸馏水加热至沸腾，并维持其沸腾温度。

2. 观察大容器内水沸腾的现象

启动硅整流器，缓慢地加大工作电流，注意观察不锈钢管表面。在不锈钢管的某些点上会出现小气泡，并不断扩大，达到一定大小后，气泡跃离管壁，受到浮力的作用而上升，最后离开水面。产生气泡的固定点称为汽化核心。气泡跃离后，又有新的气泡在该汽化核心产生,如此周而复始,有一定的周期。随着不锈钢管工作电流的增加,热负荷增大,管壁上汽化核心的数目增加,气泡跃离的频率也相应加大。如热负荷增大至一定程度后,能产生的气泡就会在管壁逐渐形成连续的汽膜,就由液态沸腾向膜态沸腾过渡。此时壁温会迅速升高,以致将不锈钢管烧毁。因此,实验中工作电流不允许过高,以防出现膜态沸腾。

3. 测定放热系数

为了确定放热系数 h,需要测定下列参数:

(1) 容器内水的饱和温度 T_3(单位:K);

(2) 硅整流电流值 I_1(单位:A);

(3) 不锈钢管工作段 ab 间的电压降 U(单位:mV);

(4) 管内壁温度 T_4(单位:K)。

为了测定不同热负荷下放热系数 h 的变化,工作电流在 30～100 A 范围内改变,共有 7～8 个工况。每改变一个工况,待其稳定后记录上列数据。

4. 切断电流

实验结束前先将硅整流器旋至零值,然后切断电源。

5. 调换不锈钢管

必要时可调换不同直径的不锈钢管,进行上述实验。

五、实 验 报 告

1. 实验系统结构及实验流程、实验设备型号及其参数

◆ 图 19-3　实验系统结构图 (照片)

表 19-2 ◇ 实验设备参数

设备名称	型　　号	量　　程	备　　注
硅整流电源			
直流稳压电源			
温度传感器			
辅助电加热器			
数据采集器			
……			

2. 加热管的结构及水池的尺寸和深度

3．原始数据及数据处理过程

表 19-3 ◇ 描述过冷沸腾加热棒表面气泡的变化

表面温度/℃	液体温度/℃	表面气泡生成、脱离和上升变化
40		
50		
60		
65		
70		
75		
80		
85		
90		
95		
100		
110		
120		
130		

表 19-4 ◇ 描述饱和沸腾加热棒表面气泡的变化

表面温度/℃	液体温度/℃	加热功率/W	表面气泡生成、脱离和上升变化
90			
100			
110			
120			
130			
140			
150			

表面温度/℃	液体温度/℃	加热功率/W	表面气泡生成、脱离和上升变化
160			
170			
180			
190			
200			
220			
230			

4. 实验结果和实验误差分析

◆ 图 19-4　沸腾表面温度与功率的关系曲线

5. 实验心得

实验二十　热管换热器性能测试实验

一、实验目的

(1) 测试热管的温度分布和传热量,绘制特性曲线。

(2) 熟悉热管的结构和传热原理。

(3) 掌握热管换热器换热量及传热系数的测量和计算方法。

二、实验原理

热管是一种封闭腔体内发生蒸发和冷凝相变的传热装置,由管壳、吸液芯和端盖组成,如图 20-1 所示。传热介质有液态氢、氮、酒精、水、碱金属等。热管的一端为蒸发段(加热段),另一端为冷凝段(冷却段),根据应用需要在两段中间布置绝热段。

加热热管的蒸发段,热量通过热传导经壳体传入管内,管芯内的工作液体受热蒸发,从而导致加热部分吸液芯细孔中的液体表面形成凹形弯液面,或增加凹形弯液面的曲率。在表面张力的作用下,在凹形弯液面处产生毛细压力 Δp_{cap} 作用在液体上并趋于减小液体的弯曲曲率。

$$\Delta p_{cap} = \gamma\left(\frac{1}{r_1} + \frac{1}{r_2}\right) \tag{20-1}$$

在冷凝段,液体凝聚导致吸液芯淹没。在该段,吸液芯内液体的弯液面的曲率与加热段中相应的曲率相比通常可忽略。管中这两段中弯液面曲率的差异以及相应的毛细压力的不同产生了一个压力降,这个压力降就是沿着吸液芯将液体从冷凝段输送到蒸发段的推动力。在热管中"毛细泵"就这样被用来实现工质的封闭循环。

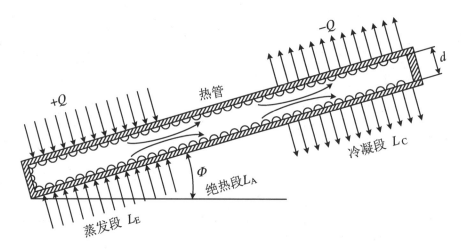

◆ 图 20-1 热管结构和传热原理示意图

热管在实现这一热量转移的过程中,包含了以下六个相互关联的主要过程:

(1) 热量从热源通过热管管壁和充满工作液体的吸液芯传递到气液分界面;

(2) 液体在蒸发段内的液汽分界面上蒸发;

(3) 蒸气腔内的蒸汽从蒸发段流到冷凝段;

(4) 蒸气在冷凝段内的气液分界面上凝结;

(5) 热量从气液分界面通过吸液芯、液体和管壁传给冷源;

(6) 在吸液芯内由于毛细作用使冷凝后的工作液体回流到蒸发段。

在稳定状态下,通过热管任意横截面上的相应压力差被毛细压力所平衡,即

$$p_v - p_1 + \Delta p_{ph} = \Delta p_{cap} \tag{20-2}$$

式中,Δp_{ph} 为由相变产生的蒸气和液体间的压力差。

在热管运行时,管内所发生的物理过程对热管的传热量有若干的约束,且与结构尺寸、工作介质、工作温度等密切相关,热管的传热存在一系列的传热极限。其中主要的传热极限包括毛细极限、黏性极限、声速极限、携带极限、沸腾极限等。

对毛细极限有

$$Q_c = \frac{\dfrac{2\gamma}{r_c} \pm \rho_1 g L \sin\varphi}{L_{eff}(F_1 + F_v)} \tag{20-3}$$

式中,热管有效长度 $L_{eff} = \dfrac{L_E}{2} + L_A + \dfrac{L_C}{2}$。

对声速极限有

$$Q_s = A_v h_{fg} \rho_0 \sqrt{\frac{k}{2(k+1)} R_v T_0} \tag{20-4}$$

对黏性极限有

$$Q_V = \frac{d^2 A_v}{64 u L_{eff}} h_{fg} \rho_0 p_0 \tag{20-5}$$

对携带极限有

$$Q_E = A_v h_{fg} \sqrt{\frac{\rho_v \gamma}{2 r_E}} \tag{20-6}$$

对沸腾极限有

$$Q_B = \frac{2\pi L_E k_E T_v}{\rho_v h_{fg} \ln\left(\frac{r_i}{r_v}\right)} \left(\frac{2\gamma}{r_n} - \Delta p_l - \Delta p_v\right) \tag{20-7}$$

热源到蒸发段管壁的传热可通过对流换热系数计算得到：

$$Q = hA(T_B - T_{eo}) \tag{20-8}$$

通过热管壁面的径向导热由下式计算：

$$Q = \frac{2\pi k_E L_E}{\ln\left(\frac{r_o}{r_i}\right)} (T_{e,o} - T_{e,i}) \tag{20-9}$$

沸腾和冷凝表面的热阻计算基于饱和蒸汽的克拉伯龙关系式，其传热率为

$$Q_e = \frac{A_E h_{fg}^2 p_s (T_e - T_v)}{RT^2 \sqrt{2\pi RT}} \tag{20-10}$$

三、实验系统

测试热管性能的实验系统结构如图 20-2 所示。

将加热段置于管式炉内进行辐射加热，将冷却段置于水循环换热器中。绝热段保温。沿热管均匀布置热电偶，间隔 100 mm。管式炉可程序控温。用水循环测热管的换热量 Q。

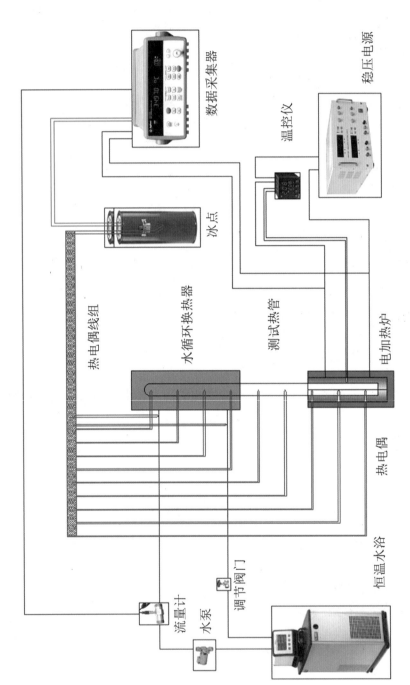

数据采集器

稳压电源

温控仪

冰点

热电偶线组

水循环换热器

测试热管

电加热炉

热电偶

恒温水浴

流量计

水泵

调节阀门

◇ 图 20-2　热管测试实验装置系统图

四、实 验 步 骤

（1）按图 20-2 检查实验系统。

（2）接通电源，开启监测系统，查看各种传感器数据是否正常。若不正常，则设法排除故障。

（3）启动监测系统，记录数据。

（4）开启冷却水循环系统，水量要足够大以确保有足够的换热量。

（5）开启管式炉，设定温度为 50 ℃。

（6）测热管沿程温度的变化，稳定 10 min 后，将管式炉温度调高 5 ℃，稳定后再调高，直到热管启动。

（7）调低冷却水流量，确保冷却水有较大的温差。

（8）继续升高炉温，直到热管达到传热极限。

（9）保存数据，关闭监测系统。

（10）实验结束后，切断所有电源，等管式炉温度低于 60 ℃，实验人员可离开现场。

五、实 验 报 告

1. 实验系统结构及实验流程、实验设备型号及其参数

◆ 图 20-3　实验系统结构图(照片)

表 20-1 ◇ 实验设备参数

设 备 名 称	型　　号	量　　程	备　　注
管式炉			
水泵			
稳压电源			
流量计			
温控器			
数据采集器			
恒温水浴			
……			

2. 热管类型和参数

表 20-2 ◇ 热管性能参数

参　　数	数　　值	备　　注
管材导热系数/$(W \cdot m^{-1} \cdot K^{-1})$		
长度/m		
外径/m		
内径/m		
芯体材料		
芯体结构		
流体介质		
填充量/kg		
流体介质密度/$(kg \cdot m^{-3})$	液态	
	气态	
流体介质黏度/$(Pa \cdot s)$	液态	
	气态	
流体介质表面张力/$(N \cdot m^{-1})$	气/液	
	液/固(壁面)	

参　　数	数　　值	备　　注
流体介质导热系数 /(W·m⁻¹·K⁻¹)	气态	
	液态	
流体介质比热容/(J·kg⁻¹·K⁻¹)	气态	
	液态	
流体介质相变潜热/(J·kg⁻¹)		

3. 原始数据及数据处理过程

表 20-3 ◇ 热管沿程温度分布

实验 次数	热源温 度/℃	沿程温度分布							冷却水 温度/℃	冷却水出 口温度/℃	冷却水流量 /(kg·s⁻¹)	换热功 率/W
		1	2	3	4	5	6	7				

4. 实验结果和实验误差分析

◆ 图 20-4　换热温度与换热功率曲线图

5. 实 验 心 得

实验二十一  换热器性能测试实验

一、实验目的

(1) 测试换热器进出口流体温度和压力,计算换热器性能和流动阻力。

(2) 理解换热器的间壁换热原理,掌握性能指标和总换热系数的计算方法。

(3) 掌握流体流量的测量技术,以及管道流体温度和压力的测量技术。

二、实验原理

(一)换热性能

用换热器的目的是获得确定温度的流体。如通常采用换热器将一定流量的高温流体的温度降到某一合适的温度,需要确定低温流体的流速,或反过来加热冷流体。

按照冷热流体在换热器中相对流动方向不同,系统有两种布置:逆流和顺流,分别如图 21-1(a)和(b)所示。通过测量和记录进出口处的温度(T_i,T_o)和冷热流体的流量(m_c,m_h),我们可以求得如下量:(以下公式均为逆流时的情况,顺流时有些公式略有不同,可自己推导)

热流体冷却总传热速率为

$$\dot{Q}_e = m_h c_{p,h} \Delta T_h \tag{21-1}$$

冷流体加热总传热速率为

$$\dot{Q}_a = m_c c_{p,c} \Delta T_c \tag{21-2}$$

式中,热流体温度下降量 $\Delta T_h = T_{h,i} - T_{h,o}$,冷流体温度上升量 $\Delta T_c = T_{c,o} - T_{c,i}$,下标 h、c 分别代表热流体和冷流体,i、o 分别表示换热介质在换热器的进口和出口位置。

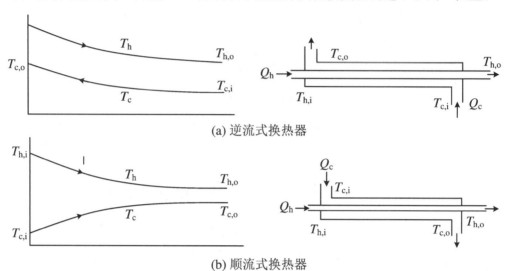

(a) 逆流式换热器

(b) 顺流式换热器

◆ 图 21-1　换热器中流体温度沿程变化示意图

式(21-1)和式(21-2)与流动布置和换热器类型无关,式中比热容是随温度变化而变化的,因此用指定位置的平均温度计算。

把总传热系数与冷、热流体之间的温差联系起来可得到另一个有用的表达式,即稳态传热的基本方程,这是牛顿冷却定律的推广。

$$\dot{Q} = UA\Delta T_m \tag{21-3}$$

总传热系数 U 由 $\dfrac{1}{U} = \dfrac{1}{h_o} + \dfrac{1}{h_i}\dfrac{A_o}{A_i} + \dfrac{\delta A_o}{k_w A_m}$ 计算得到。

对数平均温差(logarithmic mean temperature difference,LMTD)为

$$\Delta T_m = \frac{\Delta T_2 - \Delta T_1}{\ln \dfrac{\Delta T_2}{\Delta T_1}} \tag{21-4}$$

对顺流式换热器有 $\Delta T_1 = T_{h,i} - T_{c,i}, \Delta T_2 = T_{h,o} - T_{c,o}$;
对逆流式换热器有 $\Delta T_1 = T_{h,i} - T_{c,o}, \Delta T_2 = T_{h,o} - T_{c,i}$。
一般情况下,换热器对外界环境有散热损失,总体热效率为

$$\eta = \frac{\dot{Q}_a}{\dot{Q}_e} \tag{21-5}$$

最大可能换热速率原则上可以在一个无限长的逆流换热器中实现的这个换热率,即

$$Q_{\max} = Cp_{\min}(T_{h,i} - T_{c,i}) \tag{21-6}$$

热交换器有一个有用的性能指标是有效度定义为换热器的实际换热速率与最大可能的换热速率之比

$$\varepsilon \equiv \frac{\dot{Q}}{\dot{Q}_{\max}} \tag{21-7}$$

换热器的热量可根据两种流体的进口温度确定

$$Q = (q_m c)_{\min} \Delta T_{\max} = \varepsilon (q_m c)_{\min}(T_{h,i} - T_{c,i}) \tag{21-8}$$

对顺流换热器有

$$\varepsilon = \frac{1 - \exp\left\{-\dfrac{kA}{(q_m c)_{\min}}\left[1 + \dfrac{(q_m c)_{\min}}{(q_m c)_{\max}}\right]\right\}}{1 + \dfrac{(q_m c)_{\min}}{(q_m c)_{\max}}} \tag{21-9}$$

令 $\dfrac{kA}{(q_m c)_{\min}} = NTU$（传热单元数，它是换热器设计中的一个无量纲参数，在一定意义上可看成是换热器 kA 值大小的一种度量），则有

$$\varepsilon = \frac{1 - \exp\left\{-NTU\left[1 + \dfrac{(q_m c)_{\min}}{(q_m c)_{\max}}\right]\right\}}{1 + \dfrac{(q_m c)_{\min}}{(q_m c)_{\max}}} \tag{21-10}$$

逆流换热器的效能为

$$\varepsilon = \frac{1 - \exp\left\{-NTU\left[1 - \dfrac{(q_m c)_{\min}}{(q_m c)_{\max}}\right]\right\}}{1 - \dfrac{(q_m c)_{\min}}{(q_m c)_{\max}}\exp\left\{-NTU\left[1 - \dfrac{(q_m c)_{\min}}{(q_m c)_{\max}}\right]\right\}} \tag{21-11}$$

根据 ε 和 NTU 的定义及换热器两类热计算的任务可知，设计计算是已知 ε 求 NTU，而校核计算则是由 NTU 求取 ε。

（二）管壳式换热器热力计算

确定总传热系数 U。

管壳式换热器由壳体、传热管束、管板、折流板（挡板）和壳体等部件组成，如图 21-2 所示。壳体多为圆筒形，内部装有管束，管束两端固定在管板上。进行换热的冷、热两种流体，一种在管内流动，称为管程流体；另一种在管外流动，称为壳程流体。冷、热流体通过管壁进行换热，如图 21-3 所示。为提高管外流体的传热系数，通常在壳体内安装若干挡板。换热管在管板上可按等边三角形或正方形排列。

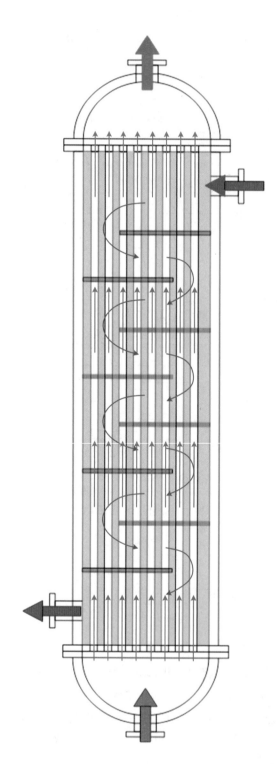

◆ 图 21-2　带折流板的管壳式换热器结构示意图

1. 管内流动

流体在管内流动,其流动阻力和传热系数与流体在管内的流动状态有关,流动状态以雷诺数 Re 的大小来区分。

管内换热系数,常用的无量纲参数为 $Re = \frac{\rho u x}{\mu}, Pr = \frac{\nu}{\alpha} = \frac{c_p \mu}{k}$。

在湍流状态,当 $Re > 10000$ 时,对流换热系数为

$$h_i = 0.023 \frac{k_i}{d_i} Re_i^{0.8} Pr_i^n \qquad (21\text{-}12)$$

在加热状态,$n = 0.4$;在冷却状态,$n = 0.3$。

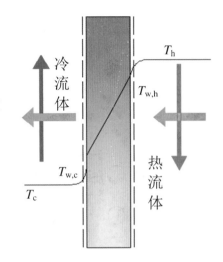

◆ 图 21-3 换热壁面两侧冷度分布热流体温示意图

应用范围在 $Re > 10000$,$0.7 < Pr < 120$,$\frac{L}{d_i} > 60$。当 $\frac{L}{d_i} < 60$,修正上式得

$$h_{i,t} = 0.023 \frac{k_i}{d_i} Re_i^{0.8} Pr_i^n \left[1 + \left(\frac{d_i}{L} \right)^{0.7} \right] \qquad (21\text{-}13)$$

在过渡状态,$Re = 2300 - 10000$。

用 $\varphi = 1 - \frac{6 \times 10^5}{Re^{1.8}}$ 修正湍流状态换热公式得

$$h_{i,\text{tran}} = \varphi h_{i,t} = \varphi \times 0.023 \frac{k_i}{d_i} Re_i^{0.8} Pr_i^n \left[1 + \left(\frac{d_i}{L} \right)^{0.7} \right] \qquad (21\text{-}14)$$

层流 $Re < 2300$ 时有

$$h_{i,l} = 1.86 \frac{k_i}{d_i} Re_i^{1/3} Pr_i^{1/3} \left(\frac{d_i}{L} \right)^{1/3} \left(\frac{\mu_i}{\mu_w} \right)^{0.14} \qquad (21\text{-}15)$$

除 μ_w 为壁温下的值外,其余为流体进出口温度的算术平均值。

2. 管外流动

管壳式换热器壳程无折流板时,管外传热系数的计算可按非圆形截面内流动时管内传热系数的计算式进行,此时以当量直径作为定性尺寸代替管内径。

如图 21-4,当管呈正三角形排列时:

$$d_{es} = \frac{1.10 P_t^2}{d_o} - d_o \qquad (21\text{-}16)$$

当管呈正方形排列时：

$$d_{es} = \frac{1.27 P_t^2}{d_o} - d_o \qquad (21\text{-}17)$$

式中，P_t 为换热管中心距。

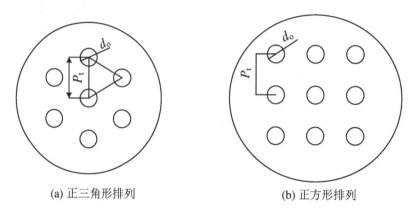

(a) 正三角形排列 (b) 正方形排列

◆ 图 21-4 管束排列方式

壳程有折流板时，有

$$h_o = 0.023 \frac{k}{d_o} Re_o^{0.6} Pr_o^{1/3} \left(\frac{\mu}{\mu_w} \right)^{0.14} \qquad (21\text{-}18)$$

3. 换热器性能评估

换热器有效度为

$$\varepsilon = \frac{c_{p,h}(T_{h,i} - T_{h,o})}{c_{min}(T_{h,i} - T_{c,i})} \approx \frac{T_{h,i} - T_{h,o}}{T_{h,i} - T_{c,i}} \qquad (21\text{-}19)$$

传热单元数为

$$NTU = \frac{UA}{c_{p,min}} \qquad (21\text{-}20)$$

4. 换热器的流动阻力

一般来讲，对于液体，换热器的压力降在 $0.01 \sim 0.1$ MPa 范围内；对于气体，一般为 $0.001 \sim 0.01$ MPa，超过这个范围需要重新设计换热器结构和流速。

管程压力降由三个部分组成，

$$V_{p_t} = (V_{L_L} + V_{p_r})F_t N_p N_s + V_{p_n} N_s \qquad (21\text{-}21)$$

式中，V_{p_t} 为流体流过直管因摩擦阻力引起的压力降；V_{p_r} 为流体流经回弯管中因摩擦阻力引起的压力降；V_{p_n} 为流体流经管箱进出口的压力降；F_t 为结垢校正因素，新建造的实验为 1；N_p 为管程数；N_s 为串联的壳程数。

$$V_{p_1} = f_i \frac{l}{d_i} \frac{\rho_i u_i^2}{2}, \quad V_{p_t} = 3\frac{\rho_i u_i^2}{2}, \quad V_{p_n} = \frac{3}{2}\frac{\rho_i u_i^2}{2}$$

式中，u_i 为管内流速，d_i 为管内径，l 为管长，f_i 为摩擦系数，ρ_i 为管内流体密度。

当 $Re < 2000$，$f_i = \dfrac{64}{Re}$；当 $Re > 2000$，$f_i = \dfrac{0.3164}{Re^{0.25}}$。

5. 壳程压力降

当量直径 $d_{es} = \dfrac{D_i^2 - N_t d_o^2}{D_i - N_t d_o}$，$D_i$ 为壳体内径，d_o 为换热管外径，N_t 为换热管数目。

$$\Delta p_o = (\Delta p_1' + \Delta p_2')F_s N_s \tag{21-22}$$

流体通过管束的压力降为 $\Delta p_1' = F f_o n_c (N_b + 1)\dfrac{\rho u_o^2}{2}$；

流体通过折流板缺口的压力降为 $\Delta p_2' = N_b\left(3.5 - \dfrac{2l_b}{D_i}\right)\dfrac{\rho u_o^2}{2}$；

管的排列方式对压力降的修正系数：三角形为 0.5，正方形为 0.3。

壳程流体摩擦系数：当 $Re > 500$，$f_o = 5.0\,Re^{-0.228}$。

横过管束中心线的管数：三角形排列 $n_c = 1.1\sqrt{N_t}$，正方形排列 $n_c = 1.19\sqrt{N_t}$，壳程流通截面积 $A_o = l_b(D_i - n_c d_o)$。

板式换热器和套管（同心圆）式的相关热力计算，请查看相关图书。

三、实 验 装 置

图 21-5 为换热器性能测试系统示意图，图中换热器为管壳式换热器，可更换其他类型的换热器。测试系统主要由待测换热器、热源恒温水槽、冷源恒温水槽、水泵调节阀、切换阀、压差传感器、流量计、热电偶和数据采集系统构成。冷、热源恒温水浴为换热器提供温度稳定的冷热流体。调节阀可以调节管道中流体的流量，流量计实时记录管道流量。由于流量计安装是有方向性的，因此为了在实验过程中不改变流量计的安装方向，设计了由四个阀门组成的切换系统，可以切换逆流和顺流模式，做到只改变换热器内水流的方向，而不改变两个主管道的流体流动方向。

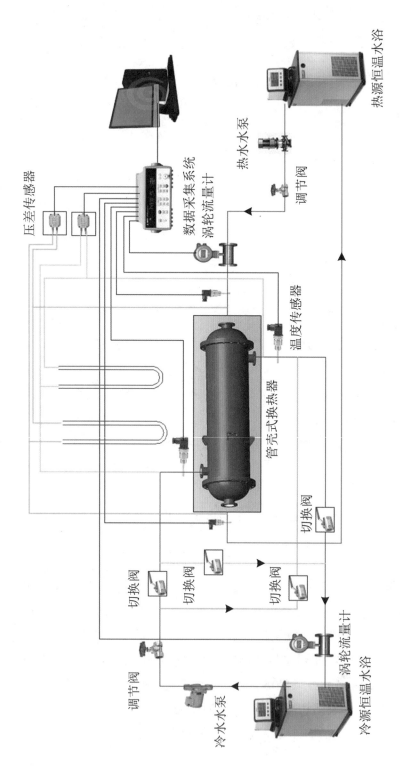

◆ 图 21-5 换热器性能测试系统示意图

在正常工作状况下,热水由水泵从恒温槽中抽取,经柔性接头进入换热器并通过软管排出,流回恒温槽。冷水从低温恒温槽进入换热器,然后流回恒温槽。在换热器内,冷热流体通过壁面进行换热,冷流体吸热升温,热流体放热降温。

四、实 验 步 骤

(1) 检查换热器测试系统的水路系统和各处阀门的开合是否灵活,如有问题及时更换。

(2) 检查用于冷热源的恒温水槽,保持水箱内水位约高于制冷盘管 10 mm。

(3) 检查传感器、稳压电源和数据采集器之间的连线是否正确、牢固。

(4) 安装待测换热器,并按指定方式(逆流或顺流)连接好冷热水回路。

① 冷水回路的连接:

A. 逆流时:冷热流方向相反,开启阀门,关闭阀门,如图 21-2(a)所示。

B. 顺流时:冷热流方向相同,开启阀门,关闭阀门,如图 21-2(b)所示。

② 热水回路的连接:热水回路的连接对所有实验装置都是一样的。

(5) 检查管道密封性,开启冷热管路的水泵,查看渗漏情况,如有渗漏,关闭水泵,排找渗漏原因。

(6) 开启冷热循环水泵,开启冷热恒温槽,并设定不同温度,热源比冷源温度至少高10 ℃以上。

(7) 启动数据采集系统,观测各点的温度和流量,检查流量计和热电偶输出是否正确,如不正确,及时排除问题。

(8) 按逆流方式连接好冷水回路,并调节冷水流量阀至流量约为 $1 \text{ L} \cdot \text{min}^{-1}$,再调节热水流量阀至流量约为 $2 \text{ L} \cdot \text{min}^{-1}$。

(9) 改变冷、热水流量及入口温度,按温差和雷诺数的大小,测试层流、湍流和过渡流三种流动状态的换热性能。

(10) 按顺流方式连接好冷水回路,重复上述实验。

(11) 最后计算相关的性能指标。

五、实验报告

1. 实验系统结构及实验流程、实验设备型号及其参数

◆ 图 21-6　实验系统结构图(照片)

表 21-1 ◇ 实验设备参数

设备名称	型　号	量　程	备　注

2. 换热器类型、实验条件和实验流体

表 21-2 ◇ 列管换热器

	名　称	数　值	备　注
壳程	长度/m		
	内径/m		
	外径/m		
	壳体导热系数/(W·m^{-1}·K^{-1})		
管程	长度/m		
	内径/m		
	外径/m		
	导热系数/(W·m^{-1}·K^{-1})		
	管程数		
	排列方式		
	管间距/m		
	列管数		
换热面积/m^2			
折流板	形状		
	间距/m		
	数量		

表 21-3 ◇ 板式换热器

名　称	数　值	备　注
板片长度/m		
板片宽度/m		
流道宽度/m		
板片传热面积/m^2		
板片传热膜系数/(W·m^{-2}·K^{-1})		

名　称	数　值	备　注
板片间隔/m		
板片厚度/m		
流道数		
板片波纹形状		
波纹高度/m		

表 21-4 ◇ 套管换热器

名　称	数　值	备　注
长度/m		
外管内径/m		
外管外径/m		
内管内径/m		
内管外径/m		
管材导热系数/(W·m^{-1}·K^{-1})		

3. 原始数据及数据处理过程

表 21-5 ◇ 实 验 数 据

实验次数				
换热方式				
热流体				
流体比热容/(J·kg^{-1}·K^{-1})				
进口温度/℃				
出口温度/℃				
流量/(kg·s^{-1})				

冷流体				
流体比热容/(J・kg^{-1}・K^{-1})				
进口温度/℃				
出口温度/℃				
流量/(kg・s^{-1})				
……				

4. 实验结果和实验误差分析

5. 实 验 心 得

实验二十二 基于双积分球测表面反射率实验

一、实验目的

（1）利用光电传感器记录辐射光强度,计算测试物件的反射率、透过率和发射率。

（2）理解辐射理论和积分球测光通量工作原理。

（3）掌握测试辐射强度的技术。

二、实验原理

积分球的工作原理是光通过采样口照射到悬挂在腔体内的漫反射板上,再反射到积分球内壁。反射板和内壁均由高反射率的材料构成,辐射光在积分球内部经过多次反射后非常均匀地散射在积分球内部。

积分球内壁有硫酸钡涂层,构造出理想的漫射表面。

积分球可用于测试光源的光通量、色温和光效等参数。使用积分球来测量光通量,可使得测量结果更为可靠,可降低并除去由光线的形状、发散角度及探测器上不同位置的响应度差异所造成的测量误差。在精密的测量时使用积分球作为光学扩散器误差最小。

基于积分球反射计的光谱发射率测量方法,不仅解决了常温和中低温发射率测量的难题,而且突破了测量超低发射率材料的技术瓶颈。它既是一种间接测量方法,也是一种相对测量方法。间接测量是指该方法先测得材料的光谱反射率,再经过计算方得到光谱发射率。相对测量指是通过测量试样和参考标准的反射辐射亮度比实现发射率的测量。

根据能量守恒定律,不透明材料的光谱吸收率 $\alpha(\lambda,\theta)$ 可表示为

$$\alpha(\lambda,\theta) = 1 - \rho(\lambda,\theta) \tag{22-1}$$

式中,$\rho(\lambda,\theta)$ 是光谱反射率。

当材料表面温度处于稳定状态,由基尔霍夫定律可得

$$\varepsilon(\lambda,T) = \alpha(\lambda,\theta) \tag{22-2}$$

式中,$\varepsilon(\lambda,T)$ 是光谱发射率。根据式(22-1)和式(22-2),处于热平衡状态下的材料光谱发射率可表示为

$$\varepsilon(\lambda,T) = \alpha(\lambda,\theta) = 1 - \rho(\lambda,\theta) \tag{22-3}$$

辐射源发射的辐射光谱经积分球的入射孔投射到试样或参考标准样的表面,反射后的辐射在积分球内经多次反射后被输出孔的 MCT 探测器检测,输出与辐射亮度成比例的电压信号。试样和参考标准样的电压响应信号为

$$V_{S}(\lambda) = R(\lambda)f(R,\rho_{\lambda})Lr_{S}(\lambda) \tag{22-4}$$

$$V_{B}(\lambda) = R(\lambda)f(R,\rho_{\lambda})Lr_{B}(\lambda) \tag{22-5}$$

式中,$R(\lambda)$ 是 MCT 探测器的响应函数,$f(R,\rho_{\lambda})$ 是依赖积分球半径和积分球内壁发射率的积分球输出函数,$Lr_{S}(\lambda)$ 是试样反射的辐射亮度,$Lr_{B}(\lambda)$ 是参考标准样的反射辐射亮度。

反射率为材料表面的反射辐射亮度与入射辐射亮度之比。若参考标准反射样为理想反射体,即各波长反射率 $\rho(\lambda)$ 均为 1,则参考反射标准样的反射辐射等于入射辐射,即

$$\rho(\lambda) = 1 = \frac{L_{r}(\lambda)}{L_{i}(\lambda)} \tag{22-6}$$

三、实 验 装 置

如图 22-1 所示,测试积分球由两个半球面构成,内径为 1230 mm,内壁为硫酸钡涂层,光源入射口直径为 200 mm,腔内悬挂有直径为 100 mm 的样品板,表面也有硫酸钡

涂层,用于放置测反射率的样品,壁面安装有光电传感器。测试积分球可绕光源入射口中心竖直轴水平旋转。

遮光板孔径为 120 mm,遮光板用于调整光斑大小,使其完全落在待测样品上,固定样品板孔径为 230 mm。

图 22-1 中漫射光源积分球由两个半球面构成,内径为 1230 mm,内壁表面为硫酸钡涂层,漫射光出射口直径为 200 mm,光源入射口直径为 123 mm。漫射光源积分球可沿导轨水平移动。

光源为卤素灯,直流稳压源供电。

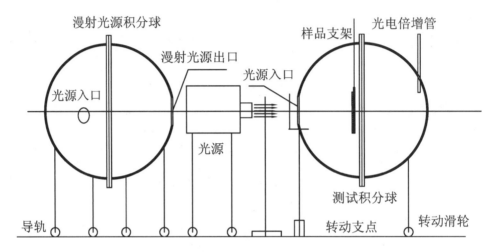

◆ 图 22-1   测全射透过率或反射率实验系统示意图

────────   四、实验步骤   ────────

(1) 调整两积分球与光源的位置使其符合测试要求。

(2) 检查线路连接和地线。

(3) 接通电源,开启直流稳压源,打开记录仪记录光电转化器的读数。

(4) 打开卤素灯镜头盖,开启冷却风扇,缓慢调节电流和电压,直到电流为 7.5~8.0 A 为止。调节遮光板的位置,使光斑全部落入积分球内,预热光源 30 min 左右,等光源稳定后,观察记录仪的读数变化。

(5) 记录仪的读数稳定后,读取数据记录仪上的可见光和近红外光谱的光强 I_{01}

和 I_{02}。

（6）测透过率。将样品置于积分球入口,稳定后读取数据记录仪上的可见光和近红外光谱的光强 I_{t1} 和 I_{t2},移走样品。

（7）测反射率。打开积分球,将样品固定在腔内样品板上,然后合上积分球。

（8）旋转样品扳手柄,调节样品与入射光的角度,读取数据记录仪上的可见光和近红外光谱的光强 I_1 和 I_2。

（9）测试结束,关闭数据记录仪和光源,冷却风扇继续工作直至卤素灯完全冷却,关闭直流电源,切断电源。

（10）打开积分球,取出样品。

（11）按图 22-2 漫射光透过率和反射率的测试。调整测试积分球的角度,使其光线入口与漫射积分球的光源出口相对。

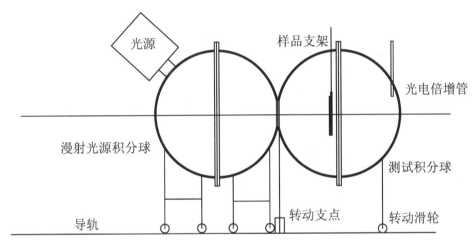

◆ 图 22-2　测漫射透过率或反射率实验系统示意图

（12）将卤素灯光源出口与漫射积分球的光源入口相对连接牢固。

（13）接通电源,开启稳压电源,打开风扇,缓慢调节电流和电压,直到电流为 7.5～8.0 A 为止,预热光源 30 min 左右,等光源稳定后,观察记录仪的读数变化。

（14）记录仪的读数稳定后,读取数据记录仪上的可见光和近红外光谱的光强 I_{f01} 和 I_{f02}。

（15）测漫射透过率。将样品置于积分球入口,稳定后读取数据记录仪上的可见光和近红外光谱的光强 I_{ft1} 和 I_{ft2},移走样品。

（16）测反射率。打开积分球,将样品固定在腔内样品板上,合上积分球。

（17）旋转样品扳手柄,调节样品与入射光的角度,读取数据记录仪上的可见光和近

红外光谱的光强 I_{f1} 和 I_{f2}。

（18）测试结束，关闭数据记录仪和光源，冷却风扇继续工作直至卤素灯完全冷却，关闭直流电源，切断电源。

（19）打开积分球，取出样品。将积分球系统调至原位。

五、实验报告

1. 实验系统结构及实验流程、实验设备型号及其参数

◆ 图 22-3　实验系统结构图（照片）

表 22-1 ◇ 实验设备参数

设备名称	型　号	量　程	备　注
光谱分析仪			
标准光源			
数字电参数测量仪			
精密直流稳压恒流电源			
精密变频测试电源			
……			

表 22-2 ◇ 积分球结构

参数	积分球直径/m	积分球测试孔径/m	积分球内衬材料	内衬材料反射率
数值				

2. 实验样品结构参数

样品

3. 原始数据及数据处理过程

4. 实验结果和实验误差分析

5. 实 验 心 得

实验二十三　法向发射率测定实验

━━━━━ 一、实验目的 ━━━━━

（1）测量稳态下物体表面温度，通过比对法计算物体表面吸收率和发射率。

（2）理解黑体和灰体表面的辐射特性。

（3）熟悉等温面的设计。

━━━━━ 二、实验原理 ━━━━━

根据玻尔兹曼定律，具有温度 T 的物体表面在单位时间、单位面积上辐射的总功率与物体热力学温度的四次方成正比：

$$E = \varepsilon \sigma T^4 \tag{23-1}$$

黑体发射的全波长总功率为

$$E_b = \sigma T_b^4 \tag{23-2}$$

对于灰体表面（与波长无关）的全波长总功率为

$$E_s = \varepsilon_s \sigma T_s^4 \tag{23-3}$$

式中，ε_s 是灰体表面发射率，比较式（23-2）与式（23-3），可以得到 ε_s 的两种求解方式：T_b、T_s 相等的等温法和 E_b、E_s 相等的等辐射法。

利用等温法，有 $T_b = T_s$，得到

$$\varepsilon_s = \frac{E_s}{E_b} \tag{23-4}$$

利用等辐射法，有 $E_s = E_b$，得到

$$\varepsilon_s = \left(\frac{T_b}{T_s}\right)^4 \tag{23-5}$$

发射率是指物体表面单位面积辐射出的能量与相同温度的黑体辐射能量的比率。黑体是一种理想化的辐射体，可辐射出所有的能量，其表面的发射率为 1.00。碳墨粉发射率为 0.97，固体表面的灯黑在 50 ℃ 和 1000 ℃ 之间发射率为 0.96。熏黑的铜块表面可近似模拟黑体表面，用电加热铜块作高温热辐射源。

根据等辐射法原理构建测试表面发射率，只需要测表面温度。

根据基尔霍夫定律，热平衡时，任意物体对黑体投入辐射的吸收比等于同温度下该物体的发射率，即

$$\alpha = \varepsilon \tag{23-6}$$

根据式(23-6)用测表面吸收率来计算表面发射率。为了进一步提高发射率，通常用空腔模拟黑体。为简单起见，可直接用圆柱腔体模拟黑体，其底面和侧面均涂黑，待测表面置于腔体开口处。

根据实验测试系统作如下假设：

① 腔体为黑体；

② 腔体内表面和待测物体表面上的温度分布均匀。

为了获得一定量的辐射密度，将腔体加热到一定温度时，将待测表面发射率的物体置于开口处，接收辐射，直到温度平衡。据此，可得到测试表面的净辐射能为

$$Q_3 = \alpha_3(E_{b1}A_1F_{1,3} + E_{b2}A_2F_{2,3}) - \varepsilon_3 E_{b3} A_3 \tag{23-7}$$

因为 $A_1 = A_3$，$\alpha_3 = \varepsilon_3$，$F_{1,2} = F_{2,3}$，又根据角系数互换性 $A_2F_{2,3} = A_3F_{3,2}$，得到净辐射密度为

$$q_3 = \frac{Q_3}{A_3} = \varepsilon_3(E_{b1}F_{1,3} + E_{b2}F_{1,2}) - \varepsilon_3 E_{b3}$$

$$= \varepsilon_3(F_{1,3}E_{b1} + F_{1,2}E_{b2} - E_{b3}) \tag{23-8}$$

由于样品与环境主要以自然对流方式换热，因此

$$q_3 = h(T_3 - T_f) \tag{23-9}$$

由式(23-8)、式(23-9)可得

$$\varepsilon_3 = \frac{h(T_3 - T_f)}{F_{1,3}E_{b1} + F_{1,2}E_{b2} - E_{b3}} \tag{23-10}$$

当腔体内表面温度一致时，$E_{b1} = E_{b2}$，并考虑到其为封闭系统，有 $F_{1,3} + F_{1,2} = 1$，由此式

(23-10)可写成

$$\varepsilon_3 = \frac{h\,(T_3 - T_f)}{E_{b1} - E_{b3}} = \frac{h\,(T_3 - T_f)}{\sigma_b(T_1^4 - T_3^4)} \tag{23-11}$$

对不同待测物体（受体）a、b 的黑度 ε，有

$$\varepsilon_a = \frac{h_a(T_{3,a} - T_f)}{\sigma_b(T_{1,a}^4 - T_{3,a}^4)}, \varepsilon_b = \frac{h_b(T_{3,b} - T_f)}{\sigma_b(T_{1,b}^4 - T_{3,b}^4)} \tag{23-12}$$

设 $h_a = h_b$，有

$$\frac{\varepsilon_a}{\varepsilon_b} = \frac{T_{3,a} - T_f}{T_{3,b} - T_f} \frac{T_{1,b}^4 - T_{3,b}^4}{T_{1,a}^4 - T_{3,a}^4} \tag{23-13}$$

当 b 为黑体，即 $\varepsilon_b \approx 1$ 时，式(23-8)可写成

$$\varepsilon_a = \frac{T_{3,a} - T_f}{T_{3,b} - T_f} \frac{T_{1,b}^4 - T_{3,b}^4}{T_{1,a}^4 - T_{3,a}^4} \tag{23-14}$$

上式为测表面发射率的计算公式。

三、实 验 装 置

图 23-1 为测试法向发射率的系统示意图。实验系统由实验本体、控制系统和数据采集系统构成。实验本体由两部分组成：模拟黑体的圆柱形腔体和待测样品槽。为了安装方便，圆柱腔体由底部和侧面圆柱两部分构造，可分别独立加热，样品槽也用电加热控温，这样样品的温度和腔体的温度都能根据实验要求独立设置。数据采集系统能实时采集各点的温度，并据此绘制出温度图谱，实验结束时数据可保存，以做进一步分析处理。温控系统用热电偶反馈的温度信号控制电加热器的加热方式，达到稳定控制温度的目的。

四、实 验 步 骤

（1）准备两个相同的待测物体，在待测样品背面中心点钻 1 mm 的小孔，小孔底部距正面 1～2 mm，用于安放热电偶。

（2）用蜡烛火焰将其中一个待测物体的正面熏黑，备用。

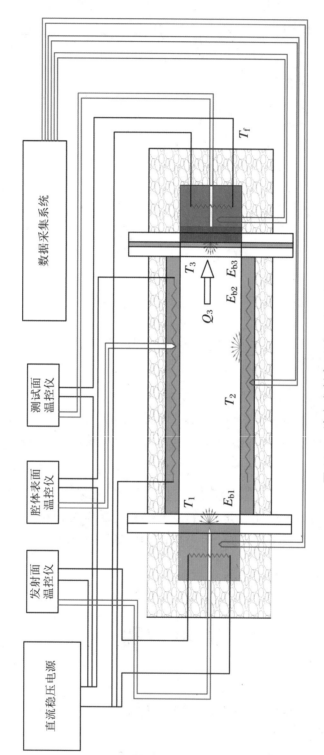

◆ 图 23-1　法向发射率测试系统示意图

（3）检查实验设备安装，按图 23-1 检查线路连接。

（4）接通电源，设定温控仪的温度，预热辐射热源和黑体圆筒，开始温度设为 50 ℃。

（5）开启数据采集系统，观测各点温度数据是否正常，如不正常，排除故障。

（6）将样品固定在样品槽内。

（7）将热源、圆筒和样品盒安装在同一轴上，样品盒与黑体圆筒之间垫一层隔热材料。

（8）等各点温度稳定后，记录各点温度值。

（9）调高温控仪温度，继续测试不同温度下的数据，每次升高 10 ℃。

（10）取出样品，将另一样品被熏黑的一面与腔体开口对正。

（11）重复以上步骤，等温度稳定后，记录各点温度值。

（12）实验结束，关闭电源开关，停止加热。

五、实验报告

1. 实验系统结构及实验流程、实验设备型号及其参数

◆ 图 23-2　实验系统结构图（照片）

2. 实验条件和参数设置

腔体直径：＿＿＿＿＿＿＿＿＿，深度：＿＿＿＿＿＿＿＿＿

环境温度：＿＿＿＿＿＿＿＿＿

3. 原始数据及数据处理过程

表 23-1 ◇ 实 验 数 据

实验次数	接收面	腔体温度/℃	发射面温度/℃	接收面温度/℃	表面发射率
1	黑体				
	测试面				
2					
3					
4					
......					

4. 实验结果和实验误差分析

5. 实验心得

参考
文献
REFERENCES

[1] 蔡武昌,孙淮清,纪纲.流量测量方法和仪表的选用[M].北京:化学工业出版社,2001.

[2] 陈则韶.高等工程热力学[M].2版.合肥:中国科学技术大学出版社,2014.

[3] 邓乐,贾晓鹏,马红安.热电材料性能研究与制备[M].北京:化学工业出版社,2019.

[4] 英克鲁佩勒,等.传热与传质基本原理[M].6版.葛新石,叶宏,译.北京:化学工业出版社,2007.

[5] 金秀慧,孙如军.能源与动力工程专业课程实验指导书[M].北京:冶金工业出版社,2017.

[6] 李业发,王桂娟,张有为,等.工程热物理实验[M].安徽:中国科学技术大学,[印刷时间不详].

[7] 钱颂文.换热器设计手册[M].北京:化学工业出版社,2002.

[8] 孙冠群,李璟,蔡慧.控制电机与特种电机[M].2版.北京:清华大学出版社,2016.

[9] 王健石,朱炳林.热电偶与热电阻技术手册[M].北京:中国质检出版社,2012.

[10] 武晓松,陈军,王栋.固体火箭发动机气体动力学[M].2版.北京:北京航空航天大学出版社,2016.

[11] 薛殿华.空气调节[M].北京:清华大学出版社,2012.

[12] 杨世铭,陶文铨.传热学[M].3版.北京:高等教育出版社,2002.

[13] 杨旭武.实验误差原理与数据处理[M].北京:科学出版社,2009.

[14] 杨献勇.热工过程自动控制[M].北京:清华大学出版社,2000.

[15] 伊凡诺夫斯基,索罗金,雅戈德金.热管的物理原理[M].潘永密,顾金初,华永利,译.北京:中国石化出版社,1991.

[16] 袁艳平,曹晓玲,孙亮亮.工程热力学与传热学实验原理与指导[M].北京:中国建筑工业出版社,2013.

[17] 曾丹苓,敖越,张新铭,等.工程热力学[M].3版.北京:高等教育出版社,2002.

[18] 张国磊.工程热力学实验[M].哈尔滨:哈尔滨工程大学出版社,2012.

[19] 张寅平,等.相变贮能:理论和应用[M].合肥:中国科学技术大学出版社,1996.